事实与感受

犹太人大屠杀纪念馆中的历史重现

[以] 多利特·哈雷尔◎著

刘丹亭◎译

華夏出版社
HUAXIA PUBLISHING HOUSE

图书在版编目（CIP）数据

事实与感受：犹太人大屠杀纪念馆中的历史重现 /（以）多利特·哈雷尔（Dorit Harel）著；刘丹亭译. -- 北京：华夏出版社有限公司，2024. 8

书名原文：Facts and Feelings：Dilemmas in Designing the Yad Vashem Holocaust History Museum

ISBN 978 - 7 - 5222 - 0658 - 5

Ⅰ. ①事… Ⅱ. ①多… ②刘… Ⅲ. ①纳粹大屠杀 - 纪念馆 - 建筑设计 - 研究 Ⅳ. ①TU251. 3

中国国家版本馆 CIP 数据核字（2024）第 028055 号

事实与感受：犹太人大屠杀纪念馆中的历史重现

著　　者	［以］多利特·哈雷尔
译　　者	刘丹亭
策划编辑	陈子豪
责任编辑	霍本科
特约编辑	王　双（Shirley Wang）
责任印制	刘　洋
封面制作	李媛格
出版发行	华夏出版社有限公司
联合出版	Itzhak Lewit
经　　销	新华书店
印　　装	三河市万龙印装有限公司
版　　次	2024 年 8 月北京第 1 版　2024 年 8 月北京第 1 次印刷
开　　本	880 × 1230　1/16 开本
印　　张	7. 5
字　　数	180 千字
定　　价	99. 00 元

华夏出版社有限公司　社址：北京市东直门外香河园北里 4 号　邮编：100028
网址：www. hxph. com. cn　电话：010 - 64663331（转）
投稿邮箱：hbk801@163. com　互动交流：010 - 64672903

若发现本版图书有印装质量问题，请与我社营销中心联系调换。

谨以此书缅怀故去的多利特•哈雷尔，她是以色列独树一帜的杰出设计师。

犹太人大屠杀纪念馆这一伟大而卓越的项目，是她多年的艰苦努力所结出的硕果。

这本书是多利特在人生的最后时光写成的。

带着爱，带着无限的感激，

泽夫•德罗里教授
与多利特携手走过那些
艰辛而美丽岁月的伴侣
写于以色列希莱特

This book is dedicated to the memory of the late Dorit Harel, who was a unique great designer in the State of Israel.

The great and wonderful project, the Yad Vashem Museum, was the fruit of many years of hard work.

The book was written in the last years of Dorit's life.

With love and great appreciation,

Professor Zeev Drory
Dorit's partner in her
beautiful and difficult years.
Shilat, the State of Israel.

Facts and Feelings

Dilemmas in Designing
the Yad Vashem Holocaust
History Museum

Chief Editor: **Dr. Zeev Drory**

Editors: **Yaffa Shimrony, Dahlia Falk Zaguri, Doron Gumpert**
Graphic Designer: **Aryeh Gluch**
Photographer: **Amit Giron**
Translator: **Diana Rubanenko**
Illustrations: **Tania Slutsky-Gorenstein**

ISBN 978-965-555-464-9

目　录

犹太人大屠杀纪念馆鸟瞰

多年来，我参与了不同类型的博物馆的设计和建造。我的大部分工作都是在历史博物馆中进行的，这些博物馆关系到以色列犹太人民所创造的历史——从古代直至现代。我认为，自己被委任为亚德•瓦希姆大屠杀纪念馆新馆（the new Yad Vashem Holocaust History Museum）[1]唯一的设计师，是对我专业能力和工作的一种褒扬。

纪念馆总设计师的身份让我感到责任重大，但我也为能够加入这个团队，令纪念馆的建设开花结果感到非常荣幸。

经验告诉我，敏感性和开放性是团队工作所必备的。在这个项目中，我与大屠杀纪念馆的员工及领导他们的纪念馆馆长阿夫纳•沙莱夫（Avner Shalev）合作，沙莱夫还担当起总策展人这一要求很高的角色。我们共同努力多年，并与摩西•萨夫迪[2]领导的建筑团队，以及其代表兼项目经理伊雷特•科哈维（Irit Kochavi）保持密切联系。

当我着手开展项目并开始研究原始资料时，我面前是一个庞大而复杂的整体，它将有力的素材、精神和实体聚合在一起。纪念馆的这些不同元素构成了一个旨在激发情感体验和设计表达的独立整体。

在纪念馆大厅里——更甚于在剧院中——“演员”和“观众”有着相同的地位，参观者置身于展品、由影音记录的证词、照片和影像中。他们被情景、话语、声音所环绕，沉浸在被灯光效果点亮的展品和娓娓道来的叙述之中。

一位设计师，就像剧院导演，可以让参观者同时看到不同的层次。有时候，参观者的视野会被缩窄，聚焦在某个单一展品或事件上，然后，随着视野的拓展，更宽广的画面被揭示出来，不仅在物理维度上如此，在历史维度上亦是如此。纪念馆在记载具有普遍性故事的同时，也会将焦点转向个体故事。参观者可以按照自己的喜好来调配历史背景、集体叙述和个体故事的比重。

设计运用了不同的形式、尺寸、颜色，为各维度提供多样的视觉表达。在设计纪念馆时，我们使用真实的材料进行了部分重建，比如华沙犹太人隔离区的莱什诺街（Leszno Street）。“背景”被简化为板块式的提示，阐明场所和空间的关联。

纪念馆设计的本质是将各种不同的元素全部聚合、统一，从而为参观者提供全面的体验。

多利特•哈雷尔（Dorit Harel）

1 纪念馆馆名中的 Yad Vashem（亚德•瓦希姆）在希伯来文中意为“有记念、有名号”，出自《以赛亚书》：“我必使他们在我殿中、在我墙内有记念、有名号，比有儿女的更美。我必赐他们永远的名，不能剪除。”——本书注释若无标注，皆为译者所加

2 Moshe Safdie，1938 年出生，以色列裔加拿大籍知名建筑师、资深建构师、城市规划师及作家。

一座建在耶路撒冷的纪念馆：在世纪之交见证历史

阿夫纳·沙莱夫

以色列犹太人大屠杀纪念馆总策展人、前馆长

多利特，一位创作者、设计师、艺术家、忠实的合作伙伴，以及我们深切怀念的人。

2005 年 3 月 15 日，在耶路撒冷纪念山[1]上，新的大屠杀历史纪念馆正式落成。纷至沓来的有各国首脑，联合国秘书长，来自世界各地的总统和政府官员，大批以色列国内外宾客，以及数以百计的大屠杀幸存者。

那是一个寒夜，我们因寒冷和兴奋而打战。我们因为完成了一项艰巨的任务而感到欢欣鼓舞。虽然还在担心观众，特别是幸存者的反响，但是我们依然满怀希望。

当人们尽数散去，我回望我们团队经历的漫漫征程——几千小时的工作，无数的讨论、创意、交锋、梦想、争论，而最重要的是勠力同心迎接挑战。

然后，转念间，我想起——多利特病了。多利特，有着闪亮的眼睛和不可抑制的能量，她是敏感的艺术家、深思熟虑的思考者，她与我们走过了漫长的道路。她开创的设计语言内倾、克制、谦逊。她的充沛精力、实干，以及一股韧劲，掩盖了其敏感、细腻的天性。

20 世纪 90 年代初，大屠杀幸存者、历史学家、大屠杀研究学者伊扎克·阿拉德（托尔卡）[2]博士，邀请我接替他担任大屠杀纪念馆馆长的职位，此前他已在这个岗位上服务了超过 20 年。对此我想了很多。我出生在耶路撒冷，我的父母没有经历过大屠杀。但是，和我们这一代的许多人一样，我与祖辈素未谋面，他们都留在了“那边”，并被杀害了。我是在这样的时代精神和价值观当中成长起来的：我们的梦想是塑造新一代的犹太 - 以色列人，他们可以完全为自己的人生负责，并创造出一个能够弥合裂痕的新社会，他们想要打造一个典范来“tikkun olam[3]”，也就是修复世界。

我充分意识到了这一挑战的艰巨性。我们这一代——也就是土生土长的以色列人——必须担起责任，在我们的父辈——往更深层看，还有在欧洲遭遇大屠杀的那一代——和第二代、第三代人之间架设桥梁。我认为，随着 21 世纪的到来，挑战的主旨是如何协助他们塑造记忆。我接受了每年逾越节家宴上都会重复的训诫，“世世代代的每位犹太人都必须视自己为埃及逃亡的亲历者”。这番

1 原文为 Mount of Remembrance，即赫茨尔山（Har Herzl）。

2 Yitzhak Arad (Tolka)，1926—2021，出生于波兰，二战时期，他的父母均死于大屠杀，他参加了苏联游击队，代号阿纳托利（Anatoly），简称托尔卡（Tolka），此后他的家人朋友也一直叫他托尔卡。他于 1972—1993 年担任大屠杀纪念馆馆长，并出版了大量著作，屡获大奖。

3 希伯来文，出自《希伯来圣经》，意即修复或完善世界。

话能历久弥坚、代代相传，不仅因为犹太人的记忆力，也因为几个世纪以来，犹太艺术家和知识分子成功地为走出埃及的经历注入不断更新的教育和精神内涵。

我的出发点和基本假设是，一旦年深岁久，个体的哀恸就会消散，断肢的痛感就会麻木，而对大屠杀的记忆就会像其他历史事件一样。我意识到，为了预防这种脱节，并使后代能够与一种对他们的身份和价值观而言有着内在意义的记忆，一种具有塑造未来的能力的记忆发生联结，我们必须将教育工作作为我们努力的中心。然后，显而易见，年轻人必须甘愿担负起留存记忆的责任。

大屠杀纪念馆所在的耶路撒冷纪念山意味着什么？它不是一处圣地，也不属于世俗。它不只是一个被创造出来净化死难者记忆的纪念馆或纪念碑，它也不仅仅是一个研究机构。耶路撒冷是一座象征着三个基于十诫建立的一神论宗教之间深层纽带的城市。十诫的核心是“不可杀生”，它宣告了按照上帝形象被创造的人类享有生存权。先知以赛亚关于宇宙共存和永久和平的愿景就是在耶路撒冷提出的。而今，位于这座城市中的纪念山，回荡着那些价值观，以及十诫禁令所遭受的破坏。

那么，纪念山投射出了怎样的愿景呢？

1953 年，以色列政府代表犹太人民建立了亚德•瓦希姆——殉难者和英雄纪念机构（the Martyrs' and Heros' Remembrance Authority）。国家规划一处用地用于对过去的纪念和交流[1]。对于犹太人民和世界各国的公民来说，亚德•瓦希姆成了纪念大屠杀的同义词。它为详细记录和研究大屠杀时代提供了支持。然而，除了纪念的使命之外，还有一个问题摆在我们面前：我们要如何应对 21 世纪面临的教育挑战？

一项针对身份塑造的心理过程的深入调查显示，以色列和许多国家的青年对大屠杀的历史越来越感兴趣。问题是，我们能否成功与第三代、第四代年轻人建立有效对话。为了令有意义的对话得以延续，必须将焦点放在教育领域。我相信，这一目标可以通过建立一所传承大屠杀研究的学校来实现。“教育米德拉什[2]机构”应运而生，其核心是年轻人与教师和幸存者群体之间的对话，其基础是大屠杀历史，而人类潜心钻研的每一个学科都被囊括其中。这一进程将会催生出教育和精神工具（educational and spiritual tools），借此，身处世纪之交的年轻人能够参与到对话中。这是规划和建设大屠杀历史纪念馆新馆[3]的最宏观的背景。

1 这一场所指的是 1953 年成立的犹太人大屠杀纪念中心。该中心隶属于殉难者和英雄纪念机构，它位于纪念山，由纪念馆、研究和教育中心、博物馆等组成。本书所聚焦的大屠杀纪念馆就坐落于该中心内，也是其重要组成部分之一。本文作者在分别提到殉难者和英雄纪念机构、犹太人大屠杀纪念中心和大屠杀纪念馆时，习惯于通用 Yad Vashem（亚德•瓦希姆）这一简称。考虑到这可能会造成混淆，译者按原意对三者做了区分，下文不再做单独说明。

2 midrash，致力于圣经注释的教义文本。其中的教义集中了对犹太法典的法律部分（Halakhic）和布道部分（Homiletical）的评注。

3 在本书所讨论的大屠杀纪念馆建成前，犹太人大屠杀纪念中心中还有一座建成于 20 世纪 70 年代的纪念馆（后被称为旧馆）。由于旧馆的设施和策展理念都已跟不上以色列社会的发展，人们决定建造一座新馆来接替它。

为了启动这一进程，我决定成立一所学校[1]，与此同时，我们开始为大屠杀纪念馆的设计逐步收集各方观点。博物馆的经典定义是按人文或自然的不同范畴来划分藏品。我们所熟悉的历史博物馆，主要致力于展示物质体和将某种历史叙述概念化的对象。然而，我们的问题是，如何定义一个建造于第三个千年伊始、技术和通信革命巅峰时期的博物馆，而它所展示的焦点是犹太民族和全人类历史上最可怕的事件。与之矛盾的是，它将坐落在耶路撒冷——这座集信仰、预言、狂热、争斗、和平与梦想于一身的城市。

我们着手交出的答案是，直面这一事实——即大屠杀是人类的造物——一个关于邪恶、堕落、异化、苦难、死亡、斗争及希望的故事。整个故事的中心是个人。个人叙述则成了关键和挑战，它为在纪念馆中呈现大屠杀时期的复杂故事全貌铺设了道路。基于上述决定，以及层出不穷的诸多问题，我们开始谋划纪念馆的基本理念。我们决定进行长期思考来制定方案并确定需求，以便能够选定建筑师和建筑规划案，然后挑选一个设计师。

我们的出发点是犹太人大屠杀纪念中心的自然环境。纪念山的建设开始于 20 世纪 50 年代末，纪念中心深入了一片没有高大突兀建筑的林地。这座山令参观者认识到，这里是纪念、史料记录和开展相关教育的顶峰。我们做出的第一个决定是不改变、破坏山体的物理特征，新增元素将尽可能和谐地与山峰融为一体。为此，建筑师大卫•雷兹尼克（David Reznick）和景观建筑师丹•祖尔（Dan Tzur）为整座山制定了一份新的总体规划，并提交了学校建筑、档案馆和纪念馆的选址方案。基于这种认识，我们成立了一个规划团队，由我牵头，筹备纪念馆项目。该小组汇集了著名历史学家和大屠杀幸存者以色列•古特曼（Israel Gutman）教授，博物馆学领域的耶胡迪特•因巴尔（Yehudit Inbar），教育学领域的舒拉米特•因伯（Shulamit Imber），以及历史学家大卫•西尔伯克朗（David Silberklang）博士。我们花了一年多的时间厘清项目，并选定纪念馆的创意原则和基本方向。

这个初创团队就展览设计师人选进行了广泛的讨论。我们认为，在初始阶段吸纳一位设计师将有助于规划的推进，并能丰富创意探讨。最终，我们决定，最好在制定目标和原则的过程中推动进程，因而，一个由历史学家、策展人和教育家组成的团队将确定纪念馆的基本理念。展厅设计会放在稍后的阶段进行，作为在选定的理念和原则基础上开展的进程的一环。

纪念馆设计师无需公开招募，我要寻找一位专业的、富有创造力和经验的设计师，这位设计师有能力与策展人员通力合作，开发出一套创造性的工作流程。显而易见，代表不同“利益”和专业方向的团队，其创意过程可能从一开始就充满了复杂性和张力。我要寻找一位设计师，可以支持我所主导的沟通交流。自从对纪念馆旧馆的展览进行了升级，多利特•哈雷尔的声名就传遍了亚德•瓦希姆。我知道她为 1994 年大获成功的罗兹犹太人隔离区（Lodz Ghetto）[2] 展览做了大量工作，米哈尔•昂格尔博士（Dr. Michal Unger）是该展览的策展人。这是一个创新的展览，因为我们第一次从犹太人的角度呈

1 指本文作者创办的大屠杀研究国际学校（the International School for Holocaust Studies）。

2 1939 年纳粹德国入侵波兰后，在波兰设立了一批犹太人隔离区，罗兹犹太人隔离区是其中之一，规模仅次于华沙犹太人隔离区。

现了大屠杀主题，突出了犹太人个体，以及他们在坚守赖以成长的人类价值观的同时所进行的生存斗争。

纪念馆的主要目标受众被定为第三代、第四代年轻犹太人，他们对于二战时期和大屠杀没有个人化的记忆。这是一个重大决定，它确立了纪念馆的中心目标，我们通过集中呈现大屠杀故事来强化这一目标。这意味着纪念馆不是旨在追悼或纪念某个社会团体、国家或者群体，而是讲述个体故事，展示信息，实现体验式参观。纪念馆的目的不是呈现一堂历史课，也不是提供历史教材的替代品。展览试图让参观者经历一个过程，令他们产生共鸣并对故事产生认同。

在另一个层面上，我们希望将进一步深入探究的意愿灌输给参观者，尤其是要触发他们的深度思考。当感同身受的参观者经历这个过程时，他们会自问："在考量这出人类惨剧时，我处于怎样的立场？是作为参与这个历史事件的国家公民，抑或是作为一个人、一个世界公民？"离开纪念馆时，参观者可能会觉得有必要承担个人责任，并参与塑造自己的社会。从这个意义上讲，我们打造的教育体验过程确实是成功的。

在后面的阶段，上述意愿与我们制定的更为广阔的教育目标相结合，这些目标针对的是三个不同的认同层面。其一是通过参与富于创造性的生活来实现犹太民族的永存。其二是致力于捍卫人类共通的基本价值观——这些价值观在大屠杀期间遭受了严重破坏。其三强调了在民主体制中对自由生活方式的偏好。

从一开始，我们就决定尽可能客观地表现大屠杀叙事的核心。这种叙事将基于最优秀、最新的研究——严谨和准确的记录，同时试图避免传播含混的信息。基于这一想法，我们接着提出了以下几个具体的问题：在讲述故事的时候，我们应该采用哪种视角？一种方式是采用罪犯及促使这一切成为可能的共犯的视角。从表面上看，他们是主动因素，而犹太人——受害者——则是被动对象。战争结束时，有堆积如山的文献支持这一观点，尽管纳粹曾试图系统地销毁他们的罪证。第二种方式基于在以色列进行的研究（耶路撒冷学派[1]）。它从受害者作为历史主体的个人视角进行叙述，提供了数量庞大的犹太人原始资料，但由于大屠杀时期杀机重重的环境，这些原始资料所涉及的范围很有限，无法与罪犯留下的资料相提并论。这种方法并没有忽略纳粹德国的其他受害者。我们决定，纪念馆新馆要采用犹太人受害者的视角，从而呈现更完整、更人性化的故事。借用 1944 年在奥斯维辛被杀害的本雅明 • 方丹[2]在其诗作《出埃及记》里的片段（它也被展示在纪念馆里）：

只要记住我是无辜的，
并且，就像你一样，终有一死
我同样，有一张被愤怒、喜悦和悲悯刻画的面孔，
简言之，一张人类的面孔。

《出埃及记》节选
孔波 摄[3]

1 形成于 20 世纪二三十年代，强调犹太人是一个连续统一的民族有机体，主张重新阐述犹太历史。在以色列建国后，对以色列社会的历史观和大屠杀记忆的阐释有着深远影响。

2 Benjamin Fondane，1898—1944，罗马尼亚犹太诗人，死于奥斯维辛集中营。

3 本书中的二维码视频及图片，如无说明，皆由纪念馆提供。

这一决定给纪念馆的策展人带来了不同寻常的挑战：要提供构成展览的各种真实可信的组成部分，包括犹太文献，特别是尽可能覆盖广泛的视觉文献。我们开始致力于收集犹太人证物，其范围从照片、生活用品、艺术品、文本、录像（在那一时期拍摄的影像）到幸存者的证词。进一步的调查令我们做出决定，尽可能将犹太人创意作品纳入展览中。在种种创新中有一项针对设计师的挑战，那就是要将艺术作品作为展览的有机组成部分，而它们中的大部分都被承载于纸上。

新纪念馆的基本规划里并未忽略那些凶手、他们的同伙，以及那些袖手旁观的人——他们是犹太人的邻里，几个世纪以来一直与犹太人共同生活。正是多利特，想出用一种有意味、有创意的方式来展示他们的形象，即使用“黑色边框”。

决定在叙事中采用犹太人视角的理念，几乎必然会导致将个体置于叙述的中心，并以个人视角呈现事件的发展。我们决定将人格化作为叙事结构的主轴。围绕这根主轴，犹太人不再是没有名字的客体，而是为我们讲出他 / 她的遭遇的主体。这一决定同样向策展人和设计师提出了挑战，要求他们严格遵循历史发展的基本架构，避免简单地罗列个人故事。

策展团队建议的解决方案是为纪念馆规划出两个层次。第一层，引导故事的推进，由主要历史事件构成框架，沿时间轴展开。由于相似的进程在不同时期、不同方面同时开展，时间轴沿着大屠杀事件的中心焦点发展。它将是叙述结构的背景及框架。我们就是否规定参观者沿着故事的完整轴线行进，还是允许他们仅参观某些展览这一问题进行了激烈的辩论。最终的结论是，合理的纪念馆架构应当引导参观者去跟随事件的轴线。我始终认为这种架构对于展现大屠杀叙事的要点至关重要。它意味着向参观者呈现重要节点和事实，允许他们去承受完整的经历，这种经历在战争岁月中被不断强化，直至战争结束。

第二层——个体化——是一个叙事问题。对此，我的观点是它必须依托文本。伴随参观者走过完整的参观路线，个人将融入总体的历史考量，并与它持续对话；该结构聚焦于个体叙事，阐释历史演变，再回归个体叙事，并继续发展。在策展 - 设计领域，这是一种创新的结构，我相信这是多利特•哈雷尔在设计工作中面临的核心挑战。

策展人需要努力进行深入而广泛的调研，并将重点放在个人维度上，将其置于一系列被历史事件串联的独立故事中。在某个阶段，我们与多利特一起细致探讨了以下这个问题：策展人是否应该列举一些人物和故事，这些角色和情节将跟随一系列连锁事件共同发展，这类似于历史小说的结构。

最终，我们意识到这个想法无法付诸实践，于是我们设置了一系列角色，其中只有少数会在参观纪念馆的过程中重复出现。这种方式意味着我们要挑选影像文件和所要展出的文物，它们会推动参观者去探查和发现其背后隐藏的那些名字和个体故事。这也决定了要尽可能减少策展人做出的解释性干预；相反，我们决定通过叙述者自己的文本来呈现叙事，这就向多利特发出了挑战，为此，她必须创造出独一无二的设计语言。

描述策展内容结构时要强调的最后一个原则是纪念馆的真实性。我们充分关注纪念馆的虚拟展示（virtual presentations），如 20 世纪 80 年代犹太散居博物馆及位于洛杉矶的宽容博物馆中的类似展示[1]，以及后来在世界各地出现的、形式多样的人种学博物馆——比如位于渥太华的那座——的类似展示。我们的工作人员清楚地意识到一个事实：当代科技设备有能力为参观者展示、说明及创造难以忘怀的体验。尽管如此，我们相信真实性应该是新纪念馆展览的核心，在耶路撒冷，对大屠杀历史的展示必须基于对真相根源的呈现。这导致了一个决定，想要陈述反犹主义滋生的过程——从1933年纳粹运动的兴起到1939年战争的爆发，再到1945年战争的结束，就只能基于真实的素材。

展览规划及策展理念都是书面计划里的重点，并作为建筑方案竞争的基础。要特别强调的是，我们希望开发一种平衡的建筑理念，以契合展览的内容和性质。一方面，我们不想凑合弄一个“盒子”，只是把展览装进去了事。另一方面，我们也希望规避那种声势浩大、强势及漂亮的构造，它反而会掩盖引人入胜的内容。我们认为，被展示的内容是最困难、最敏感、最复杂和最难于理解的；这其中没有创造戏剧效果的空间——无论戏剧效果是强化还是削弱了真实叙事。与此同时，我们认为建筑应有独特的外观来承载展品，并与它们进行沉静、克制而非哀伤的对话。我希望建筑避免将叙事与周围环境完全割裂开，因为所有事件都发生在坚实的大地上，显现在太阳及人眼之前，处于随四季变化的自然环境之中。

中轴路

建筑师摩西•萨夫迪提出的绝妙的解决方案与这个想法相契合——一条长长的中轴路，从南到北劈开山峰，深入地下；它也可以被视为历史时间的断层和轴线，阳光由此进入。展览空间沿着中轴路分布，基于我们提出的、由焦点事件和各个时间节点交织而成的结构被创建出来。萨夫迪使用了洁净的、宛如大理石的模制清水混凝土。在耶路撒冷，这样使用建筑材料非比寻常（事实上，使用这种混凝土还需要特别许可证）。这种结构和材料创造了一个统一的强有力的存在，以及一种修道院般的氛围。多利特直面这座建筑的所有这些特征，以及她必须应对的策展规划原则，成功地解决了问题，并且运用一贯的凝练语言直击要害地概述了她提出的解决方案，这强烈地反映出她的个性。她的工作方式就是建立在对话上的。在对内容认知、理念和已经成形的建筑规划进行了深入研究之后，她向我们展示了她的基础设计和她方案中的重要部分。

我要在这里有针对性地谈一些基本问题：首先也是至关重要的问题是多利特为沿中轴路纵深排布的展厅给出的解决方案。我们分析了其含义，并感受了中轴路的内在力量。与此同时，根据我们对展览布局的需求分析，将中轴路的某些部分用作展览是势在必行的。我们决定让参观者参观展厅的所有区域。重点是，我们必须消除顺着中轴前行却错过某一区域的可能。这一决策定下了纪念馆参观的独特基调，尽管压力重重，我还是坚持执行它。经验告诉我们，不能靠中轴路来串联展览。我们的结论是，中轴路区域应被视为历史叙事的转折点，或各个展区主旨的象征。多利特提出了一个出色的解决方案：在路面挖掘沟渠，从物理上阻挡参观者的通行，同时又允许他们将整条线路尽

1 犹太散居博物馆位于以色列的特拉维夫大学校内，主要反映犹太民族的历史、文化、信仰。宽容博物馆位于美国洛杉矶比弗利山附近，该博物馆的创办初衷是引发人们对种族歧视的反思。这两座博物馆都以新颖、先进的多媒体展览而闻名。

收眼底。摩西·萨夫迪采纳了这个想法，并将其融入建筑规划。她的解决方案引出了在地面上设置一系列隔断的想法——这代表了故事的主要转折点——它们将“迫使”参观者走上我们为展览创设的曲折路线。

因为我们决定把犹太人个体作为纪念馆的核心，自然而然地，在这条路线的终点，参观者会与罹难犹太人的照片相遇。因此，我们决定将姓名大厅安排在纪念馆的尽头——三个要素在这个空间里得以呈现。首先，它是整个“证词集成”（the Pages of Testimony）项目的档案库，其中囊括了死难者的姓名和尽可能丰富的、关于他们已知生平的细节；第二，它将诉说追思和回忆；第三，它将会是一个供参观者使用的交互式数据库。我们的目的是令参观者对犹太人死难者名单的收集工作及悼念活动产生具象认知。摩西·萨夫迪建议使用一种具有挑战性的结构，它呈圆环形，围绕着两个圆锥体。一个圆锥体直冲上空，另一个则是从山岩中开凿出来的。围绕它们的圆环由装着一页页证据的档案构成。陈列架展示用来存放死难者姓名和其生平细节的文件夹，其中一些还是空的。指向天空的圆锥轨线意在寄托哀思，而向下开凿的圆锥则被看成回音，或许还象征着缺席的坟墓。上方的圆锥布满肖像，照片都是由姓名大厅的工作人员和多利特从一沓沓档案中选出的。多利特将圆锥体的外表面设计成显示屏的形式，用来投射大屠杀发生前一张张犹太人的面容轮廓。就设计而言，圆锥体成为纪念馆的亮点之一，也成了全新的亚德·瓦希姆及大屠杀纪念活动的标志形象。

第三个问题与展览的起始及结束部分的特性有关。我们决定以描摹世纪之交的犹太人生活来拉开展览的序幕，尤其是处于两次世界大战间隙的欧洲和北非地区的犹太人生活。单单这个主题就可以填满一整座博物馆，但我们只想分配给它有限的浏览时间。我们试图搭建一个受限的展区，但没有哪种尝试能符合我们的预想。多利特随后提出了一个不同凡响的方案：使用三角形的墙壁——沿纪念馆的中轴设置一面阻挡通行的墙壁，用于放映展现犹太人生活的音视频。媒体方面的人员加入后，媒体顾问鲍里斯·马弗奇亚（Boris Maftzir）建议向有名望的艺术家订购一部当代影像艺术装置，用来播放音视频。许多艺术家都接受了这项挑战，这一事实令我们欣慰，他们中就有米哈尔·罗夫纳[1]，她是一位具有独创性的先锋艺术家，创建出了自己独到的视觉语言。结果不言而喻，《生活景象》（Living Landscape）诞生了，这是她表现曾经的犹太世界的伟大作品。这部作品被设置在纪念馆一进门的地方，它令我们为如何设置展览的最后一幕找到了类似的解答——在那里展示艺术家乌里·采伊格（Uri Tzaig）的作品。它允许参观者稍作停息，去思考和观察。我们决定不在出口处引入任何设计说明，让它保持“干静”，与建筑风格相统一，直通向投入阳光和耶路撒冷山景怀抱的露台。每一位参观者都会以他们独特的方式体验与光明的重逢。

我们组建了一个策展团队，囊括了各个领域的代表。摄影和影像（Photography and Footage）策展人尼娜·施普林格（Nina Springer）及其团队；哈维瓦·卡梅利-佩雷德（Haviva Carmeli-Peled），文物策展人；耶胡迪特·申-达尔（Yehudit Shen-Dar），艺术策展人；耶胡迪特·克雷曼（Yehudit

1 Michal Rovner，1957 年出生于以色列特拉维夫，1981 年毕业于耶路撒冷比撒列艺术与设计学院。

Kleiman），文献策展人；阿夫拉罕•米尔格拉姆（铁托）[1]，历史研究团队负责人；电影制作团队，由拿俄米•史霍瑞（Naomi Shchory）和埃里兰•阿兹莫（Eliran Atzmor）领导；里埃特•本哈比（Liat Benhabib），导演兼制片人；耶胡迪特•因巴尔，策展主管（Supervising Curator）；我则亲自担任总策展人。这个团队通过基本和深入的研究过程，找到了所有问题的解决方案。每个策展人带领其负责领域的研究，而我们与内容策展人进行过数百次联合讨论。伴随开发进程的深入，在明确了中轴路的分区及其主题并完成了整体规划后，我们进入了详细规划阶段。自然地，策展人和设计师之间出现了专业上的冲突。我认为，如果没有设计方向有意识的专业表现和代表，就不可能构建出一个博物馆学意义上的展览，对历史博物馆来说尤其如此。均衡的调配会带来最理想的结果。最终裁定都由一个四人小组做出，成员包括阿夫拉罕•米尔格拉姆、耶胡迪特•因巴尔、多利特•哈雷尔和我本人。

多利特请我写一篇序言，概述纪念馆建设的背景和我们制定的、构建纪念馆的基础要素。在我们面前的这本书中，多利特列举了一些我们所面对的困境，以及她针对每个展区及其主题所给出的意见和设计方案。她的分析会进一步阐明创造的复杂性，并帮助我们拓宽知识、加深体验。

以色列民族诗人哈伊姆•纳赫曼•比亚利克[2]曾写道：“一些创作致力于成为公众不可剥夺的财富，被许许多多人拥有，直到艺术家的名字几近湮灭；这却是艺术家灵魂长存的标志。”

纪念馆出口

1 Avraham Milgram (Tito)，犹太历史学家、博物学家，1951 年出生于阿根廷，成长于巴西，1973 年移居以色列，出版、编辑了一系列历史学著作，并为大屠杀纪念馆工作了超过 30 年，至今依然活跃于以色列及南美学术界。

2 Haim Nachman Bialik，1873—1934，杰出的犹太诗人，现代希伯来语诗歌奠基人。

内容与形式，形式与内容：

纪念馆规划中的基本问题

项目主题

最初的项目规划单单只关乎展览的内容问题。团队成员——大多数都是历史学家，并未考虑到摆在他们面前的工作是创建一座跨学科的体验式历史博物馆。他们那时关注的是大屠杀的相关历史主题和时代背景。

以下是大屠杀纪念馆团队在项目初期所侧重的主题。

中心主题

- 在劫难逃的犹太世界，1900—1939
- 纳粹意识形态与犹太人
- 从取消犹太人的人权到取消其存在——纳粹德国与德国犹太人，1933—1939
- 将犹太人从生活结构中剔除，1941—1942；或：深渊边的生活——犹太人隔离区里的世界
- “最终解决方案”[1]，1941—1945；包括次主题奥斯维辛-比克瑙和集中营里的世界，1942—1944
- 犹太人的抵抗和营救尝试，1942—1944
- 最后的犹太人——劳动营、集中营和死亡行军
- 重获新生——幸存余众与一个以犹太人为主要民族的国家的建立
- 尾声——幸存者们

贯穿纪念馆的主题

- 犹太家庭（或：人民及其处境）
- 犹太人的精神生活
- 第二次世界大战
- 国际反响

这些标题出现在1995年纪念馆的规划中。

1997年，一个领导团队组建，以便对博物馆学的内容和重点进行探讨，并做出决策。领导团队的成员包括：纪念馆总策展人阿夫纳·沙莱夫、首席历史学家以色列·古特曼教授、策展主管耶胡迪特·因巴尔，以及纪念馆设计师多利特·哈雷尔。

1 1942年1月20日，一批纳粹高级官员参加了在柏林西南部万湖地区召开的万湖会议，经过讨论，他们制定了“犹太人问题的最终解决方案”（Endlösung der Judenfrage，以下简称“最终解决方案”）。该方案决定，纳粹德国将系统地开展针对犹太人的种族屠杀。

建筑方案

摩西•萨夫迪建筑师在建筑方案竞争中的胜出作品被递交到领导团队手里。萨夫迪提议建造一个横穿纪念山的三棱柱形的主体建筑。建筑的绝大部分都在地下，穿透基岩；而“三棱柱”的三角玻璃顶则耸出地表，它具有天窗的功能，令自然光洒入建筑。

“三棱柱”内部有一条贯穿整个纪念馆的中轴路，展厅就分布在它的两侧。“三棱柱”长度为 180 米，其尽头是一个露台，面向耶路撒冷山全景。展厅的形状和大小等细节由将由设计师来决定。

仅仅靠着上面的信息，领导团队就开始工作了。

纪念馆理念规划的基本问题

在整个过程的最初阶段，指导团队就面临着原则性难题，这些难题将决定纪念馆建造的支柱和基础。

此时，团队成员关心的主要问题是参观者会看到和听到的叙事。另一些在最早讨论中出现的问题是：首要的主题有哪些，应该被放置在何处？我们做出的重要决定是，将大屠杀故事作为一系列连锁事件，按照其时间顺序来呈现。因此，作为纪念馆的设计者，我的困境是如何引导参观者沿着历史叙事的章节来参观。我的设想是在纪念馆的参观路线上制造“隔断”（不能跨越的裂隙）。

物理上掘开三棱柱建筑的地面所形成的沟渠般的裂隙，凸显了历史的裂痕，加强了参观者的体验感。

一旦我们定下了叙事方式，接下来的问题就是“展览应该如何开始？”以及“应该如何结束？”。

对于这些关键问题，具有创造性的、打破传统的回答会带来震撼人心的体验，有助于给予参观者深刻印象。

等到团队为核心主题确定了一个可以接受的方案，一些次要但关键的问题也就浮现出来：如何将主题顺着时间线排布，以及需要怎样通过主走廊的隔断来控制参观者的参观进程。

团队现在面临的复杂困境，是要明确哪些因素会对展览起到决定性作用。是由研究人员多年来辛勤收集的文物来主导？还是应参照大屠杀的重大标志性事件来决定展出哪些展品？

许多博物馆的展览基调，是由那些具有历史和情感价值的真实文物收藏来奠定的。就我们的情况而言，团队强烈意识到那些于大屠杀时期发生的历史事件的重大意义和分量，并且致力于将其展现在参观者面前。

关于各种展品选择的问题，无论是其数量还是所需空间，都针对每个展厅进行了单独的讨论。

与此同时，在仅能展出少量真实文物的情况下，工作人员不得不考虑如何向参观者揭示重要的历史主题。

一个困境贯穿全部展厅的设计过程，一直伴随着我——在大屠杀纪念馆的储藏室中存放的丰富馆藏和作为博物馆学体验的历史叙事之间微妙而审慎的平衡。

我们在团队会议中探讨的另一个问题是：由谁来担当讲述者这个角色？是让策展人、历史学家来讲述故事，将侧重点放在历史层面，还是将叙述的任务交给幸存者？或许死难者可以用触动人心的分享经历的方式来讲述自己的故事？另一种被考量的选择是让“第二代”（也就是大屠杀幸存者的子女）描述他们的故事——这是一个全新的视角。

随着讨论的持续，更多想法迸发出来，比如选择二十个人作为整个故事的代表，又或者让所有幸存者都有机会讲出自己的故事。

纪念馆的参观质量和导览带来的技术问题，在规划过程中也备受关注：

- 最适宜的纪念馆参观时长是多久？应该设置较短的参观路线还是较长的？
- 重游的选择。
- 在参观路线上设置紧急出口的问题。
- 在参观过程中应该有多少次短暂休整？
- 应该将为散客和大规模团体客人设置的座椅区放置在哪里？
- 我们是否要规划一片小组会议区？
- 当参观者坐着观看展品时，那里也要被看作休息点吗？

应用在纪念馆中的多媒体

- 我们应该使用多少影像片段？
- 这会对纪念馆常规空间的音响效果产生什么影响？
- 影像片段会增强文本的丰富性，还是会取代它？
- 我们仅限于使用原始影像素材吗？
- 从幸存者那里获得证词的恰当方式是什么？
- 要不要使用交互显示设备？

这些只是我们在开发设计概念的过程中提出并持续讨论的一些基本问题。

博物馆学理念
——解决基本问题

纪念馆内部设计的基本原则

我们一着手工作，我就意识到，纪念馆的建筑方案在很大程度上符合我对它的初步设计构想和期盼。

我设想的展览区域处于一个类似工业风的复合建筑空间中，它被裸露的混凝土墙环绕，用于连接预制混凝土板的金属螺栓暴露在墙上。

纪念馆的结构，以及工人浇筑出的混凝土墙体符合我对大部分展览空间的布局要求。我们决定将绝大部分影像和多媒体展示投射在裸露的墙体而非幕布上，而这也回应了列在我工作室计划文件上的初始技术问题。

我将展览装置放在距离混凝土墙体有一定距离的地方，这是为了在墙上投射一些阴影。

为了满足展览需求，我设计了石膏板隔板，并让它们与“三棱柱”地面上的一条条裂隙相匹配。这些隔板不是那种典型的石膏板，由于边缘都被弯曲的金属板包裹，它们被赋予了一种工业风的效果。

这一组组石膏隔板并没有固定在建筑的混凝土架构上——这两个体系显然是相互独立的。

在大多数展厅中，我们都没有对其混凝土地面进行改造。“华沙犹太人隔离区”展区除外。在那个区域，复原的莱什诺街上铺着产自华沙的鹅卵石。“华沙犹太人起义”及“驱逐”这两个展区也采用了相同的处理方式。在“华沙和罗兹犹太人隔离区”展区的车间（workshops）和“困顿之屋”展区中，我们将木头地板铺在混凝土地面上。

在事实和感受之间：设计理念

要想构建适用于大屠杀纪念馆的设计理念，其固有挑战是在展现历史细节的同时强调人们在大屠杀期间的经历。我们想创造一个体验维度，让参观者对大屠杀发生前的犹太世界产生共鸣和理解。我提出的设计理念跳出窠臼，无论是在思想上还是在材料选择方面都是如此。在我看来，纪念馆的配色方案应该低调，没有矫揉造作。展厅、地面和展示装置应采用灰色调，而色彩则来自展出的文物本身。

设计语言是几个适用于所有展厅的博物馆学原则的结晶。纪念馆是按照事件发生的顺序和时间轴来建造的，它通过不断发展的叙事表现了大屠杀历史，既彰显了犹太人民的主题，又突出了个体的经历。

纪念馆布局：时间轴和展厅的划分

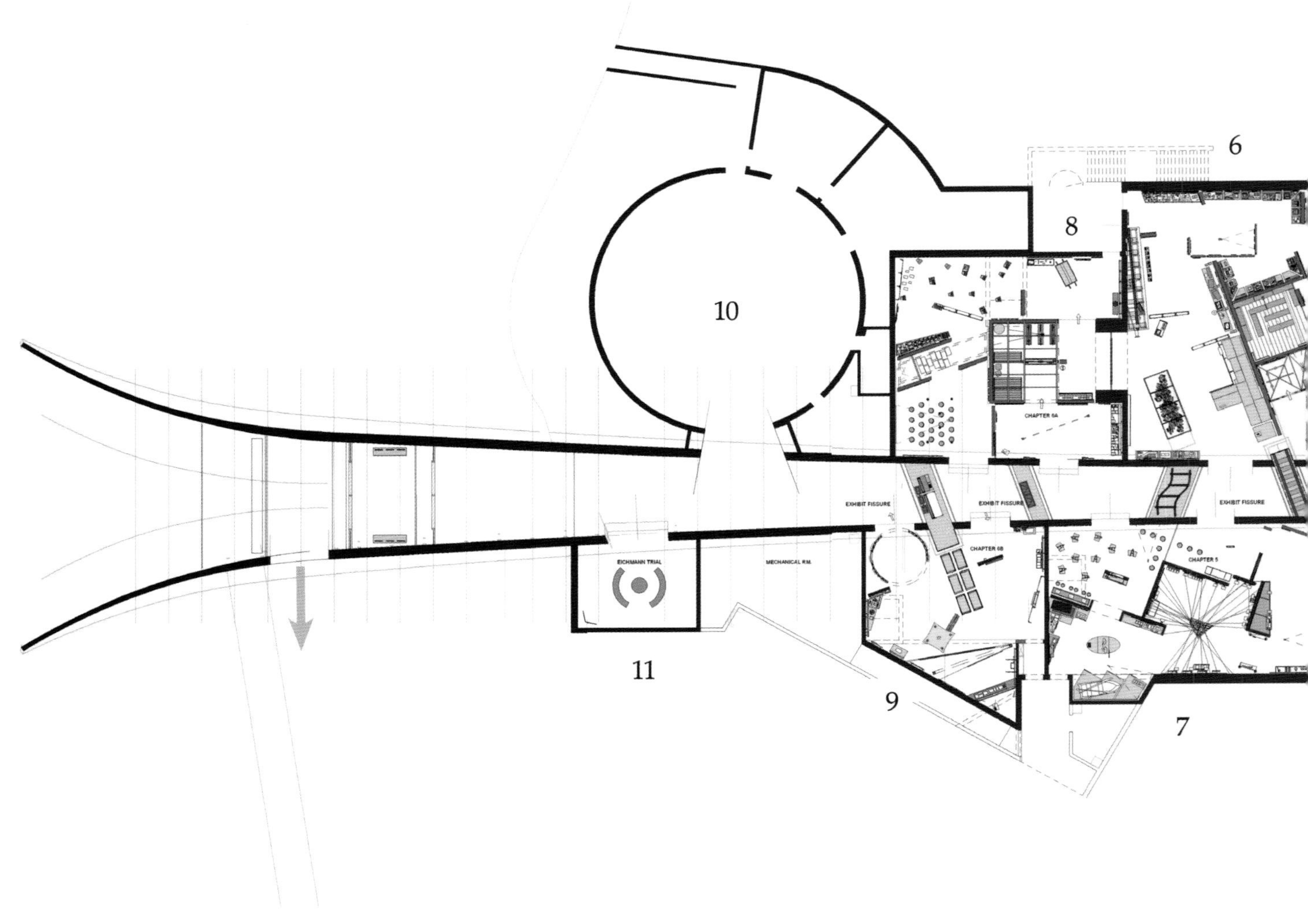

1	2	3	4	5
大屠杀发生前的犹太世界	纳粹德国与德国犹太人	从战争爆发到犹太人隔离区的建立	西欧犹太人和隔离区犹太人的命运	1941，从巴巴罗萨计划到万湖会议

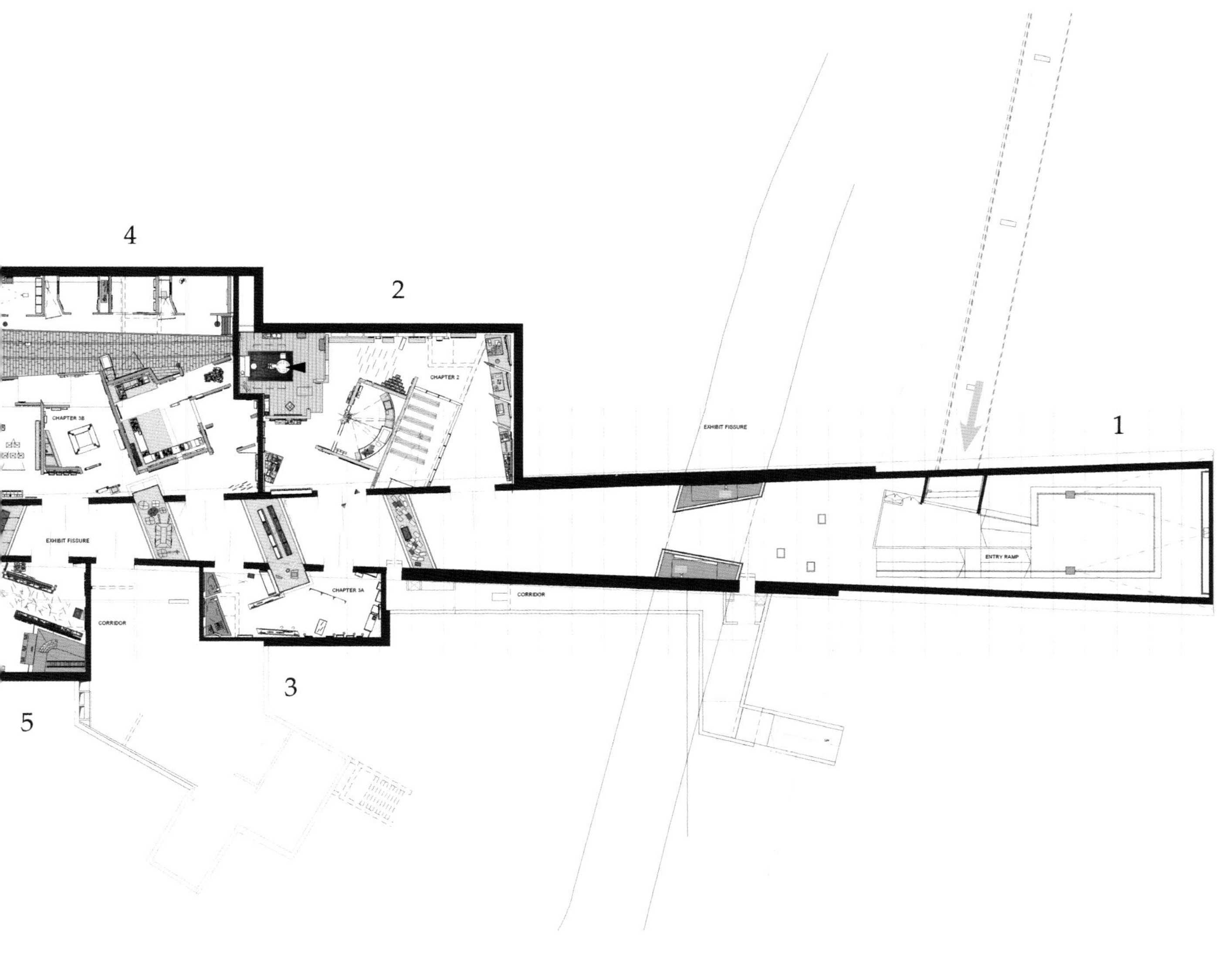

6
“最终解决方案”与犹太人隔离区的反抗

7
国际反响，游击队，地下组织，营救尝试，国际义士

8
集中营和死亡行军

9
解放、流离失所者营地及善后工作

10
姓名大厅

11
尾声

大屠杀纪念馆新馆

初步构建方案

第一部分　消逝的世界　1900—1933

隔断——1933 年

纳粹德国和德国犹太人　1933—1939
纳粹意识形态
第二部分　**反犹主义**

隔断——1939 年 9 月　*战争爆发*

犹太人隔离区中的世界
边缘生活
饥饿和死亡
东欧犹太人隔离区
↓ 文化精神　↓ 日常生活　↓ 青年及地下活动　↓ 社会 - 经济组织
饥饿和死亡

隔断——1941 年 6 月　*驱逐到犹太人隔离区*　*巴巴罗萨*

党卫军特别行动队
第三部分　大屠杀

隔断——1942 年 1 月　*万湖会议*

西欧
第四部分　**特雷津**

“最终解决方案”——种族灭绝
驱逐及通向集中营的火车
劳动营
第五部分　集中营
灭绝营

起义——1942—1944
第六部分　**营救尝试**

最后的犹太人
第七部分　集中营里的世界及死亡行军

隔断——1943 年 11 月　*“幸存余众”的命运*

第八部分　重获新生

隔断——1945 年 5 月　*战争结束*

第九部分　审判

第十部分　幸存者 / 姓名大厅

流动

在规划任何一座博物馆时，都有一个重要而突出的问题——参观者游览整座博物馆时所走的路线。

在大屠杀纪念馆中，相关的故事都有开端、过程和结尾。

据我所知，有所保留地向参观者展示确定的历史事件不是一种可行的选择。参观者应当体验展览的每个部分，不能略过或删减。我认为他们的行动轨迹应该是确定的、规划好的。

纪念馆中有一条180米的中轴路（贯穿“三棱柱”建筑），可以经由它走入两侧的展厅，基于此，我要寻求一种解决方案，它可以在纪念馆结构中实现前面提到的流动原则。如前所述，我的建议是设置一些“隔断”——挖掘一些横在“三棱柱”地面上的裂隙。它们在构成物理障碍的同时，又不会影响参观者望向展览其他部分以及“三棱柱”两端的视线。

每个隔断都指向特定时期历史事件发展中的某个转折点。

它们之间的象征性的断裂，产生了一系列回响，引发了那些与犹太人相关的事件，同时也成为进行中的博物馆学叙事的主题。

隔断

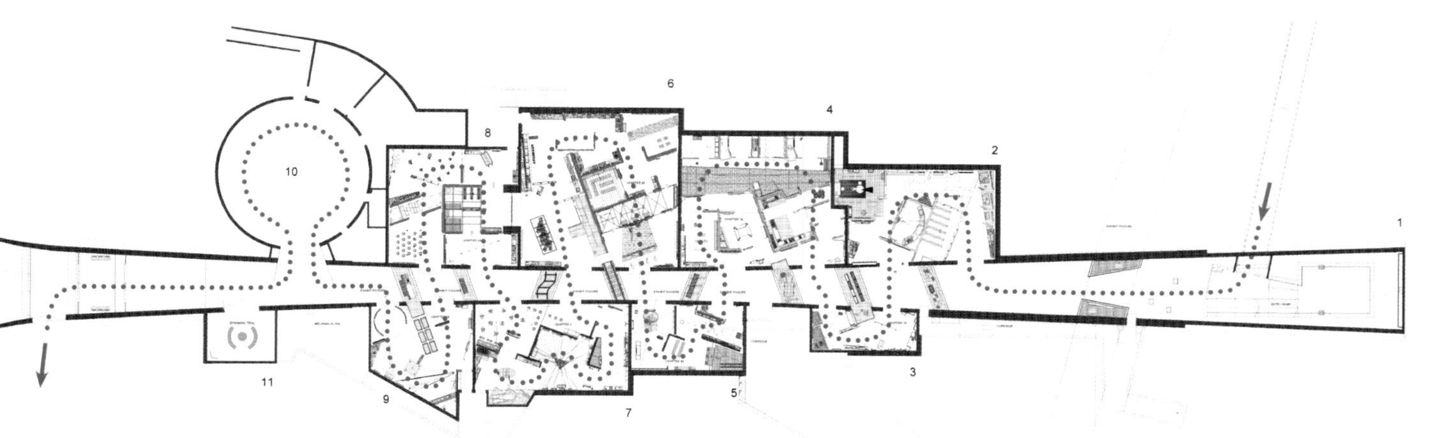

通过这种方法，我将建筑上的“三棱柱”造型转化为一种意识形态上的时间经线——一条条历史记忆的轴线。参观者不能顺着任何一条轴线不受干扰地走完全程，他们的行进总会被隔断截停。他们必须在设定的博物馆参观路线上，沿着历史记忆的小径，从一个展厅步入另一个展厅。

我们在设计纪念馆时应用到的另一个博物馆学原则，是让人们自行决定参观时长——这取决于他们的兴趣点和时间安排。长线参观需要花费三到四个小时，经过全部展厅：选择这个路线的参观者会参与所有的展览，观看全部解说、影像片段和文物。那些选择短线参观的人则可以直接穿过展厅，不需停下脚步更进一步地观看。

无论哪种路线，我们的目的都是让参观者以全面和感性的方式，体验大屠杀的故事及所有相关事件。

第一隔断
克卢加集中营的焚化堆
1944 年 9 月

未采用方案

before the Soviet army liberated the
Klooga camp in Estonia, the Germans
and their Estonian collaborators
murdered more than 2,000 Jews,
most of them from the Vilna Ghetto.
The murderers attempted to cover
up all traces of the murder but did
not have enough time to burn most
of the bodies. Pictures, papers and
other personal effects, some of

未采用方案

选定方案

第二隔断
焚书

未采用方案

选定方案

选定方案

第五隔断
巴巴罗萨战役
1941 年 6 月

第三隔断
入侵波兰
二战爆发
1939 年 9 月

第六隔断

驱逐

第七隔断
一台卡车的底盘
来自马伊达内克集中营

第八隔断

犹太人大屠杀[1]遇难者

1 原文这里使用的是“Shoah”（意为浩劫）一词。事实上，特指这场针对犹太人的大屠杀的单词“Holocaust”直到20世纪60年代才被广泛使用。在此之前，人们用各种不同的表达来指称这场灾难，比如，当时以色列地的犹太团体就将大屠杀称为“Shoah”。

展厅间的孔隙和视野

在这座大型纪念馆中，大量主题彼此交织，它们形成了叙事展开的不同侧面。我认为有必要让参观者获得眺望下一个展区的视野，由此对自己即将参观什么产生一定认知。

我们利用一些孔隙来为参观者提供线索——在下一个展区，故事会如何发展呢？参观者总是能透过当前的展区望见下一个展区。比如，对于"最终解决方案"那部分，我想设置一个窗口，参观者可以透过它望见劳动营和灭绝营的日常生活场景——它是参观路线中的下一个展区。我们与建筑师合作，在两个展区之间的墙上制造了一个巨大的缺口，使得参观者产生一种感觉：那种生存方式如同在"另一颗星球"，一个被死亡所笼罩的星球。我们在金属栅栏上挂了一些诞生于集中营的艺术作品。与此同时，金属栅栏又使人们无法用物理方式从这个展区穿越到下一个展区。不过，参观者可以看到前方，并提前了解这一进程。

跨越两个展区的视野

ARBEIT M
"My name is 174517... we will carry the tattoo on our left arm until we die... It seems that this is the real, true initiation to the camp. Only by 'showing one's number' can one get bread and soup..."

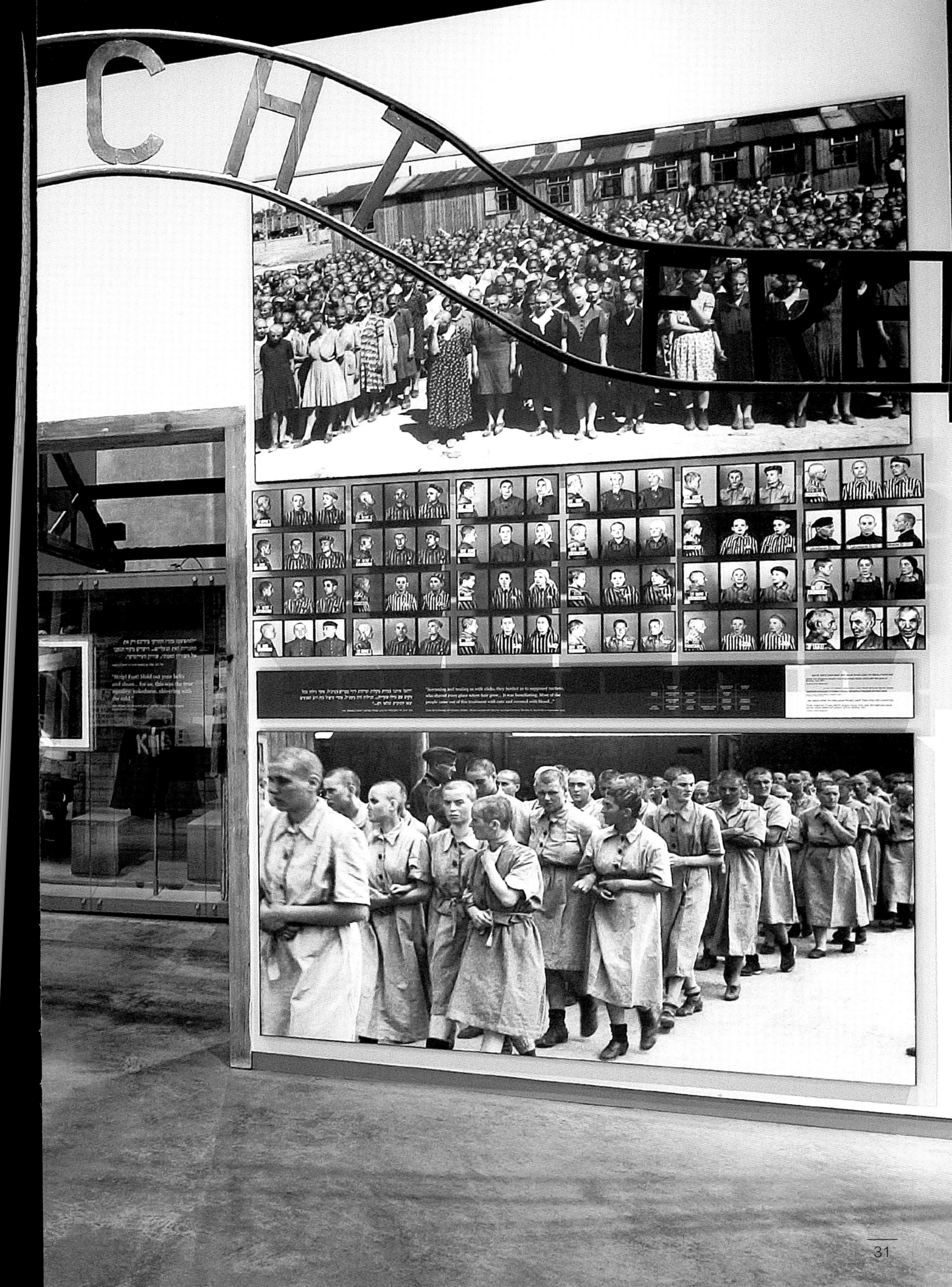

休息区

在大型博物馆中，休息区至关重要，因为馆内有数目众多且复杂的，有时甚至会令人情绪低落的展品。休息区为参观者提供休息座椅，参观者可以在那里小憩，并去思考和消化到目前为止的所见所闻。座椅区也为团队讨论和导游讲解提供了方便。我最初计划设置四个休息区，将它们设计成小小的“圆形剧场”，这就能够满足上述的一切需求。我的想法是将座椅区放置在参观路线上最重要的位置。

在纪念馆建设期间，原计划设置座位区的位置被用于其他目的，我也未能让领导层认同休息区对参观者的重要性。

策展团队坚持要展示尽可能多的文物和文本，这就不得不牺牲参观者的博物馆学体验和抓住展览精髓并将其内化的可能。从我的专业理解来看，这是一个错误，正如那句谚语，“欲尽得，必尽失”(grasp all, lose all)。

	休息区	面积（平方米）
A	休息区——“消逝的犹太世界”旁边	85
B	休息区——隔断“1933”之后	70
C	休息区——姓名大厅旁边	90
D	休息区——展览出口	50
	开放露台	-
	内墙厚度	-45
净面积		250

整座纪念馆面积为 4200 平方米。

多层次展示

设计理念带来的最难以攻克的挑战，是如何在纪念馆中展现数目庞大的个人故事和物件，这也与参观者理解这一切的领悟力有关。为了解决这个问题，我们创造出一种多层次的展览形式，它既有深度，又具备承载展览的能力。历史背景用清晰的设计和大标题来呈现，而人物故事则用独特的素材和颜色对个体层面进行强调。文物、日记、文书和影像证词对故事加以佐证。

来自罗马尼亚犹太人的文物原件

文物原件

20 世纪的博物馆设计存在着一个现象——视听展示的应用越来越频繁，这些展示很容易就能让参观者在博物馆大厅里获得一种主题公园式的体验。这种现象在目前尚未建成的博物馆中肯定会持续出现。

然而，在一座历史博物馆，尤其是大屠杀纪念馆中展示文物原件，显然具有不可估量的价值。它们是记忆和证据的遗产，可以让纪念馆最大程度地向参观者展现真实故事。每一件展品都承载着自己的悲欢离合，每一件展品都归属于特定的时代和事件。

作为设计师，我面对的是纪念馆中锲而不舍的工作人员历经数十年收集来的大量文物。我的任务是决定它们中的哪些应该成为纪念馆故事的组成部分，哪些则要被放回储藏室里。

对此，我与策展人员和收藏者进行了长时间的探讨，他们希望尽可能多地进行展示。在备展的整个过程中，对展品进行分类和筛选成了我艰巨且充斥着挫败感的任务。左右我的决定的基本条件，是分配给我构建展览的空间，以及参观者消化自己所见展品的能力。这是一场有关空间的战斗，就像那场决定了休息区去留的战斗一样。

象征性再现

我选择使用文物原件来再现，只加上一些架构。象征性再现意味着部分重建，它包含着实体层面及隐喻层面。

参观者现在走在真实的华沙犹太人隔离区莱什诺街的鹅卵石路上，被周围的景象和嘈杂声环绕——文物原件、放大的照片和当年的影像片段，以及其他跨学科手段加在一起，创造了一种贴近历史真实的体验。正是策展人员提出了重建一条犹太人隔离区街道的建议。

莱什诺街的象征性再现，
华沙犹太人隔离区的中心大街

另一个例子是对波纳尔万人坑（Ponar death pit）[1]的象征性再现。在象征性再现的“万人坑”旁，我放置了一张真实地点的大幅说明性照片作为对比。一系列记录波纳尔犹太人大屠杀的照片被投放在“万人坑”的墙壁上。在环绕“万人坑”的围栏上，我放置了几个显示器，其中放映着波纳尔大屠杀唯一幸存者的口述：她诉说着“万人坑”的恐怖。

大型展品与模型

大型展品，如火车车厢、奥斯维辛集中营的等比例缩小模型、迈丹尼克灭绝营的营房结构展示（其中包括床铺），它们的位置在策展过程的早期阶段就定好了，它们会影响其所在展厅的规模和规划。

迈丹尼克灭绝营营房复原

1 1941 年，纳粹德国入侵立陶宛。德国军队于短短数月内，在距离首都维尔纽斯 10 公里的波纳尔森林屠杀了数万名犹太人——受害者们在森林里的深坑旁被接连射杀，遗体落入坑底，被草草掩埋。有学者认为，这座森林里至少掩埋着 10 万具死难者遗体。

以色列•阿尔弗雷德•格鲁克（Israel Alfred Gluck）作品
《死亡行军》，1945

艺术作品

艺术作品通常不会出现在历史展览中，然而，对我们来说，在大屠杀期间创作的艺术作品是真实的证据和记录，它们具有内在力量，携带着强烈且具有活力的信息。这类绘画通常拥有很高的叙事价值，超越了文字证词。

在集中营里绘画的艺术家实际是在记录事件，就如同一位囚犯写日记、寄信、记笔记，或写下几行诗句。具有创造力的艺术家被关在集中营里，他们运用艺术方式捕捉身边的真实，并描画出无法言说的景象。我们通过自己掌握的原始材料，凸显了这种情感反应。在大多数运用画作的情况中，我们将作品放大，赋予其隔断的功用，因为它们是部分透明的，光线可以穿过。在极个别情况中，特殊的保存环境允许我们展出原作。

费利克斯·努斯鲍姆[1]画作
《大毁灭》

1 Felix Nussbaum，1904—1944，德国犹太超现实主义画家。他于1937年流亡比利时，1940年德国入侵比利时后遭到逮捕，被送入奥斯维辛集中营。令人唏嘘的是，他的全部直系亲属均死于集中营。努斯鲍姆的晚期画作，总笼罩着怪异、压抑的氛围，那些画作是犹太人在纳粹统治下的真实生存写照。

齐诺威尔 • 图卡切夫（Zinovil Tukachev）画作
《比克瑙集中营景象》

彩色照片

人们倾向于将大屠杀想象成一个发生在黑白世界的事件，因为大多数照片拍摄于 20 世纪 40 年代。因此，我觉得在展览中加入专门为纪念馆拍摄的彩色照片非常重要，它们为探访欧洲大屠杀遗迹的年轻人创造了一种体验联结。

波兰森林背景前的“游击队”主题展示

兹马延卡[1]，即森林藏身处
当代照片

1 Zmayenka，意第绪语，此处指狭小的容身之处。

LITHUANIA
Minsk
BELORUSSIA
UKRAINE

比克瑙集中营入口——当代照片

华沙犹太人起义的标志性照片

标志性照片

构建集体记忆的方式之一，是利用每个人都熟悉并且已经成为国家发展基础的标志性照片。此外，策展人员的基本天性就是搜寻更多展现时代精神的照片。这些照片是不同展区的主角。

我们将标志性照片，比如华沙犹太人隔离区中的男孩举手投降的那一张，以及特别行动队[1]士兵射杀犹太人的那一张，放大之后放置在各个展区中的“历史转折点”位置上。

记录特别行动队行径的标志性照片

1 Einsatzgruppen，主要由德国党卫军和警察组成的小分队，其任务是杀害所谓的“民族敌人”或“政治敌人”。

系列照片

系列照片

在没有影像记录的情况下，展示系列照片能够形成一个框架，让事件的发展过程生动起来。我认为展出系列照片可以将整个事件的过程剖析明白，并且让最恐怖的那个瞬间在照片中定格，这会对旁观者产生强有力的影响。

华沙犹太人隔离区起义系列照片

这就是为什么我们决定以胶卷中的系列照片的形式来展示犹太人站在坑边被射杀的照片。

记录华沙犹太人隔离区起义的照片以相似的形式展出，它们都出自“斯特鲁普报告”[1]。这批十二张巨幅照片组合成了一套系列影像。

展示杀人犯

有一个令人忧虑的道德困境摆在我们面前，我们应该展示以希特勒为首的纳粹领导吗？如果答案是肯定的，又应当如何来做呢？

以此为背景，又有一个问题被提出：为什么我们要将位置和记忆留给他们？毕竟，我们所要做的就是在某种形式上令他们的名字永存。

又有人提出一种担忧：会不会有纪念馆的参观者去污损他们的照片？

我们最终决定，为纳粹德国的几个领导人单独打造黑色边框。边框内嵌入他们的照片和身份介绍，其中包含他们的个人档案信息，重点强调他们职务和行为的恐怖属性。

1 德国党卫军少将于尔根·斯特鲁普（Juergen Stroop，1895—1952）于 1943 年负责镇压华沙犹太人起义。为了上报自己的“功绩”，他撰写了一系列报告，其中附有大批照片，这些报告后被称为“斯特鲁普报告”。其中最臭名昭著的是 1943 年 5 月 16 日的报告《华沙犹太人隔离区不复存在！》（*Es gibt keinen jüdischen Wohnbezirk in Warschau mehr！*），本书前面提到的那幅男孩举手投降的照片，就发现于这份报告中。在华沙犹太人起义期间，斯特鲁普杀害了近 15000 名犹太人，还将超过 40000 名犹太人遣送至集中营。讽刺的是，纳粹德国战败后，斯特鲁普在纽伦堡国际军事法庭接受审判，《华沙犹太人隔离区不复存在！》成为其罪证。斯特鲁普最终被处以死刑。

多媒体在纪念馆展厅中的应用

历史博物馆的一个必要方面是对不同类型的影像和数字媒体的应用——包括影像片段、突出表现特定主题的影片、可视化展示、导览程序、动态展示。

影像片段

影像片段最为初级，它是原始证据，也是真正意义上的文物，我们根据其情况来决定是否保持原样，不进行处理或扩充。能够把握其要义的剪辑是必要的。影像片段循环播放，其开始和结尾都需要标示清楚，以便于参观者轻易识别。

录制个人的证词是一项非常困难的任务，因为时长被严格限制——不超过两分钟。

我们决定同样对证词进行循环放映，将希伯来语版本和英语版本交替播放。我发现，请证人回到事件发生现场去重新讲述他们的故事是卓有成效的。尽管如此，我觉得如果现有证词的录制质量允许，并且证词清晰、感人地传达了恰当的信息，那么也可以将其吸纳进来。影像片段或定格图像如果起到了强化证据的作用，也可以将其纳入影像证词当中。

《营房》——一部关于集中营囚徒日常生活的影片

集中展出的证词

华沙犹太人隔离区莱什诺街的景象——
多媒体界面与背景照片相结合

特定主题的影片

在循序渐进地游览纪念馆的过程中，参观者会与几部相对较长、内容较全面的影片相遇。因为每部短片时长九分钟，设置座位就很有必要。这些短片会在由纪念馆墙面充当的大屏幕上播放，它们的内容有多个层次，而且大多数都蕴含着复杂的信息，所以我们为每部特殊影片都量身定制了影像语言。放映画面的尺寸较大，并且每部影片我都单独做了布局。

影像语言

纪念馆中呈现的叙事，是用一系列连锁事件展开的，故事从一个展示焦点发展到下一个。影像是被用来展现故事的媒介之一，其重点在于情感和动态的发展。影片制作者在选择影像语言时，必须将动态发展考虑在内，这样参观者才能理解故事的发展。

交互性

我的目标是影响参观者，让他们参与每一处的不同体验。与其他当代博物馆一样，我们在很多展厅中使用了数字互动系统。

独特的解决方案可以鼓励参观者参与，并为他们提供一定的互动空间。方案包括引导参观者在高度、宽度变化的空间中穿行，控制不同展览的明暗效果，通过展厅的材质令参观者产生不同的感受，以及让参观者在“转折点”选择自己的行进方式。

可视化展示——浏览器

浏览器是一个 15 英寸的液晶显示屏，参观者可以像翻阅一本打开的相册般浏览其中的内容。它作为辅助设备被放置在主展品也就是相册原件的旁边。人们可以用虚拟的方式快速翻阅而不会损坏原始文物。

数字化动态展示

这种展示旨在通过 3D 数字地图或动态地图向参观者演示事件的进程。这类地图制作成本很高，也需要参观者花费很长时间来观看，因此，我们决定在整个纪念馆中仅展示五到六张数字地图。这类展示都不是孤立的，它们被置于特定的背景中，是视觉整体的一部分。动画师面对的挑战是如何用简洁的视频剪辑形式来制作一个细腻、感人的文件，从而展现极度痛苦和鲜为人知的主题。

展示在数字屏幕上的西欧、中欧地下活动地图

从记忆到纪念（“伊兹科尔”[1]）

来到大屠杀纪念馆，首先映入参观者眼帘的，是一个名为“曾经的犹太世界”（Jewish World as it Was）的视频艺术装置。我找到一种方式来激发剧烈的、体验密集的碰撞，使人们能够对繁荣、多元的欧洲犹太世界产生初步认知和共鸣。而身处这个世界中的人们的遭遇，稍后将被讲述。

这架装置把画面投射在巨大的“屏幕”上，从而将观众骤然带入一个广阔、鲜活的世界，它象征着欢乐、悲伤、苦难和对前路的求索。

观看结束后，观众必须将目光从“屏幕”上移开，就仿佛将那个业已消逝的世界抛在身后，转而进入大屠杀的故事中。

纪念馆所讲述的故事，在那个已被毁灭的犹太世界和由姓名大厅所承载的记忆之间，产生回响和共鸣。姓名大厅位于历史故事的结尾，它是整个纪念馆的核心，可以说是纪念馆最令人惊叹之处。

1 原文为希伯来语“Yizkor”，意思是“愿上帝记得”。犹太人会用名为伊兹科尔的祷告仪式来纪念家人、朋友和先人。

YAD VASHEM
A Page of Testimony
Feuille de Témoignage
A Page of Testimony
YAD VASHEM
Soul

困境与解决方案

在大屠杀纪念馆的规划和建设阶段，出现了许多需要用博物馆学方案来解决的难题。它们首先关乎于内容问题——这类或那类内容，是否应该在纪念馆新馆中展出。我们必须针对每种困境提交几个设计方案：我制定方案，然后提交给规划团队。我们需要为大多数困境制作草图或模型，以便能够对展览规划可能产生的所有影响进行全面研究。这些困境不仅是多方面的、高难度的，还需要大量团队工作，这些工作都要以由我领导的设计团队所制定的博物馆学方案为基础。

在这里，我列出了重要的主题和主要的困境，以及与其相关的多种方案和草图。在对每个困境进行探讨之后，我会概述最终选择的解决方案——你可以在纪念馆的展厅中发现它们。

“曾经的犹太世界”装置

一进入纪念馆，参观者看到的第一个展品是“曾经的犹太世界”。我们的想法是创造一次有力量的、有体验感的相遇，令参观者感同身受——先介绍一些人物，他们的故事会在稍后展开，而他们即将成为死难者或幸存者。

视频艺术装置旨在向参观者展示欧洲社会中的犹太世界。这是一个鲜活而多元的世界，它与几个有着巨大活力的小世界密切相关——家与家庭生活、犹太教会堂[1]、耶西瓦[2]、学校、街道、工作、青年运动和政治。这是一个多面社会，也是一个文明世界，其中既有虔诚的信徒，也有非信徒。每个小世界里都充满喜悦、悲伤、艰辛，以及前途选择的难题——无论就个人还是民族而言，都是如此。

我们的目的是凸显繁忙而多元的犹太社会，以此展示不同地区和群体极具多样性的生活方式，并着力彰显无处不在的活力。我们的目标很简单：通过突出五种犹太人能够选择的可行出路，向参观者展现他们如何寻求未来道路，以及理念和生活方式之间的困境和冲突：

1. 信仰的同化与融合——犹太人成为德国民族主义的一部分。

2. 犹太复国主义[3]。

3. 理想主义的观点：主要为崩得[4]所持有，但并非其独有观点。犹太人只能放弃身份，融入社会主义政权。因此，许多犹太人会积极参与意识形态运动、接触共产主义。

4. 正统派犹太教，坚信自己的生活方式永远不会改变。

5. 选择移民的漂泊生活。

1 synagogue，犹太人进行宗教活动的重要场所，对维系犹太人的宗教信仰和民族性至关重要。

2 yeshiva，专门教授犹太经典的学校。

3 Zionism，19 世纪末在欧美等地区兴起的犹太民族复兴运动，其最终目标是在以色列地重建一个犹太人自主的民族国家。

4 Bund，犹太人的工会或联盟，1897 年成立于维尔纳（即今天立陶宛的维尔纽斯），它有时作为一个地下党进行活动，标榜人道主义、社会主义、世俗化以及反犹太复国主义。

对“曾经的犹太世界”提出的设想

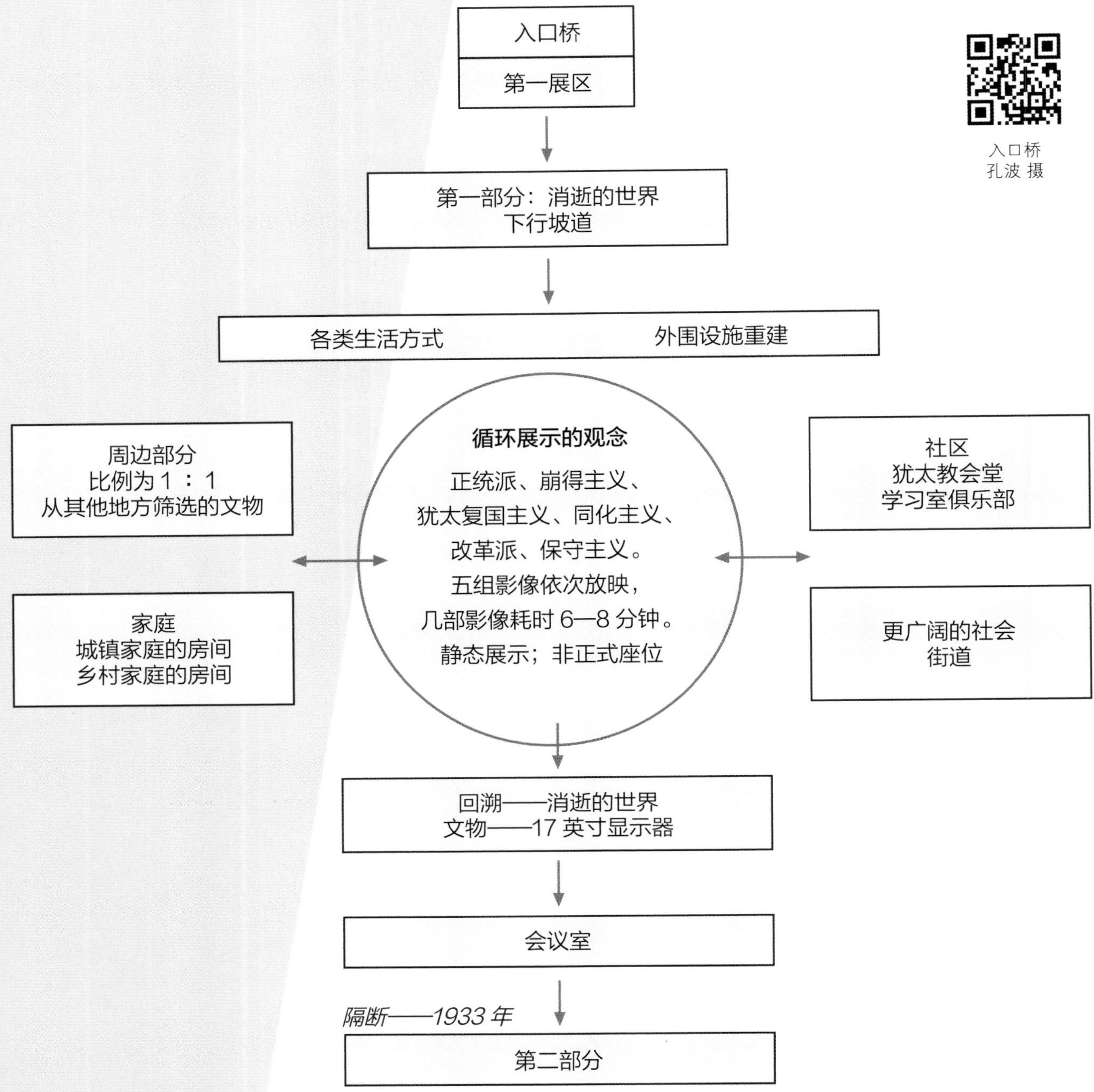

入口桥
孔波 摄

这一切都是为了向人们展示犹太世界正处于十字路口，早在纳粹掌权和大屠杀的恐怖降临之前，这个世界业已地动山摇。我们这个设计的初衷是分享影片中犹太人为自己和未来寻求庇护的想法，凸显社区被破坏所引发的冲突，以及他们在更广阔的社会和民族层面上的对抗。

这些涉及广泛的内容由一个虚拟影像设备来呈现，影像长达九分钟，只配有一段背景音乐，参观者会被视觉和听觉包裹：这是一个多媒体、多层次的影像装置，它由一系列短片构成，在“三棱柱”的墙面上放映。

参观者一进入纪念馆就能看到这个装置，它放映的影像投射在“三棱柱”中的一整面墙体上，这面墙的底边长 11 米，高 12 米。

未采用方案

选定方案

“曾经的犹太世界”——规划阶段

“消逝的世界”与位于180米外的“三棱柱”另一端的巨型三角玻璃窗形成呼应，耶路撒冷的风光被收入其中。纪念馆参观之行的起始点和终点都沐浴在阳光中，在这段旅程中，昨日的世界与当下和未来的以色列彼此呼应。

艺术家米哈尔•罗夫纳被选中创作这部兼具历史性和艺术性的拼贴图景。尽管这部作品宏大开阔，但该装置并没有实现预设的全部重要目标。

另一个方案是划出250平方米的空间来设置一个传统的、以犹太文物为主题的展览，以及重建一座欧洲城镇里的犹太教会堂。犹太教会堂，是所有欧洲犹太社区的核心元素，它本应是纪念馆第一个展区的主角，通过它，那个被摧毁的犹太世界得以再现。

我们所做的初步调查表明，我们可以将一座罗马尼亚犹太教会堂运到以色列，或至少是在展馆内将其重建。当我们考量这个选择时，将一座教堂作为纪念馆展览的组成部分所产生的问题纷纷浮现。此外，为了不强化所有欧洲犹太人都是正统派教徒的刻板观念，我们必须在宗教与世俗生活，以及大屠杀前犹太人的其他生活模式之间保持平衡。在这个关键过程的最后，我们决定放弃传统展览的想法，转而选择多媒体、多层次的装置。

参观者看毕这部分展览，必须转身离开，抛下那个被毁灭的世界，沿着斜坡走向讲述大屠杀故事的展厅。

纳粹掌权——1933 年
或克卢加集中营的焚化堆——1944 年

一旦参观者离开“曾经的犹太世界”，他们就进入了欧洲犹太人毁灭故事的序幕。规划团队在这个主题中所面临的博物馆学困境是，在大屠杀故事展开之际，参观者应该看到的是什么。

在这部分历史展览的起始点，展厅的天花板很低，仿佛被可怕的事件压垮了一样。在行进过程中，参观者会从一座混凝土桥的下方经过，而他们的两侧是开掘出来的深沟。

我们曾有过一个构想，通过纽伦堡体育场选举集会的放大照片，来展现希特勒和纳粹主义在德国的崛起。为了完善展览，我想过让巨大的纳粹党条幅从天花板垂坠到混凝土桥两侧的深沟里。

另一种可行的选择是展示克卢加集中营的可怕结局——这部分展览所承载的远远不止于欧洲犹太人的灭绝。塑造它的是两张巨幅照片，照片拍摄于 1944 年 9 月，此时二战已近结束，照片里却是摞在克卢加集中营焚化堆上的犹太人死难者遗体。一个陈列柜充当隔断，其中摆放着被烧毁了一半的照片，以及在被杀害的克卢加囚徒口袋里发现的物什。照片展示了死难者及他们所珍视的私人物品。

策展人员坚持要重建一条挂满纳粹党旗和选举海报的德国街道。而这个方案与我的设计理念背道而驰：我想要保留未经改动的裸露建筑墙面，并且让整个空间不被任何展品遮挡，直到第一隔断将道路阻断。

经过几次讨论并提出了各种方案后，我们选定了“克卢加焚化堆”：这个方案使得纪念馆的空间保持敞露和整饬，没有任何展品来碍事。

作为工作的一部分，我们绘制了一个 3D 模型的草图，该模型将被放置在纳粹选举宣传的展示区。虽然模型准备就绪，但它最终没能按照我的要求成为展览的一部分。

未采用方案

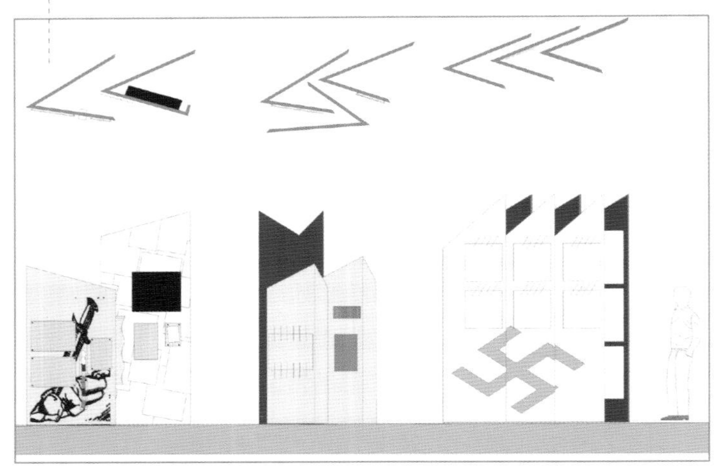

克卢加集中营的焚化堆
1944 年 9 月

纳粹掌权与德国的犹太人

“决定一个国家的不只是它做了什么，还有它纵容了什么。”

这句格言由德国评论家库尔特·图霍夫斯基[1]写于纳粹开始攫取权力之际，它具有普世意义和对我们生活的启示，因此我们选择它来为本展厅及整个纪念馆开宗明义。围绕这个关键句，我们展开了大量讨论，因为它关系着当下。

在我们规划展厅的时候，还出现了一个重要的原则问题：它是不是揭示反犹主义问题的合适场所。

1 Kurt Tucholsky，1890—1935，德国著名作家、评论家。他撰写了大量时政评论，抨击时弊，反对战争，并一再呼吁德国人民警惕纳粹主义。

由于反犹主义这个主题的现实性，也由于反犹这一现象先于大屠杀出现，我想在纪念馆的第一个展厅探究这一主题。这个想法一经通过，我们就开始讨论如何呈现反犹主义——我们选定的方案是在一个划定的、部分封闭的区域放映一部影片。

这个展厅向参观者展示了纳粹如何掌权，以及德国的犹太人如何应对新的现实。我为展览的这一部分规定了几个总体原则，它们也成为全部展厅所遵循的基本原则。这一部分应该由结构性方案中描述过的展览焦点构成，按照时间顺序来排布，以便参观者能够看到所有焦点事件及其传递的信息。

参观者被引导着，从一个主题进入下一个主题，此外我们还设置了一些十字路口，参观者可以自行决定对某个主题深入到什么程度。建立在时间顺序上的结构，反过来创造了一种叙事结构。它以不同的强度展开，并被反映在空间排布和设计中。

大厅中分布着不同的焦点——一些是用来营造氛围的，另一些则是传递信息的，还有一些提供了更深入、详尽的信息。每个焦点都能显现出整个历史过程的轮廓，而个人的故事也散布其间。

在涉及纳粹主题的展览中，我计划展示大幅照片、具有象征性的文物和更多客观现实的信息。

对于有关犹太人的展区，我的目标是展出数目庞大的展品以及研究发现。这里的照片尺寸较小，主要用于内容说明。大多数情况下，犹太人视角体现在个人证词中，参观者会被带入犹太世界，并对其人民产生认同。

围绕犹太人展开的纳粹事件，在展览的"大街"展区被表现出来。不过，"犹太人"主题则截然不同，它们在内心 - 家庭的背景中展开，将"在世间做人，在家中做犹太人"（Be a human being in the world, and a Jew in your home）这句谚语概念化。

夏洛特 • 所罗门[1]（一位在大屠杀中遇害的年轻德国犹太艺术家）的故事一直伴随着叙述主线，作为展览的另一层次在展厅中实际出现。

我们考虑了一种方案，即借助音频让上述层次进行自我展示（也就是人物实体化地表达，用内敛的方式将自己的故事娓娓道来，声音被传送进红外线控制的耳机里。这声音会充满力量，每位参观者听到的都是自己熟悉的语言）。在规划过程的后期阶段，我们决定用普通的音响系统来传递信息。

就内容的重要性而言，我觉得我为这个展厅划定的区域明显过大。我们做出这样的决定，是因为考虑到参观者往往会在他们进入的第一个展厅停留较长的时间。我们将纪念馆总面积的 13%，即 371 平方米分配给了这个展厅。自然，这一决定也是在深入讨论中做出的，因为它一方面与纪念馆大厅中的不同内容的划分产生了内在冲突，另一方面，它与体悟、博物馆学体验和对参观者注意力的"竞

1 Charlotte Salomon，1917—1943，德国犹太画家。她出生在一个知识分子家庭，外祖父和父亲是知名医生，外祖母是诗人，继母是著名女高音歌唱家。1936 年，19 岁的所罗门进入柏林艺术学院学习现代主义绘画。1939 年，为了逃脱纳粹的迫害，她流亡法国，却于 1940 年与外祖父一起被关入法国居尔集中营。幸运的是，他们很快被释放。所罗门在 1941 至 1942 年间创作了"人生？如戏？"（Leben? oder Theater?）系列作品，共 786 幅，它们展现出所罗门对人生的理解。所罗门的外祖母、母亲和姨妈均死于自杀，一些学者认为，这对"人生？如戏？"的创作产生了深刻的影响。1943 年，已有身孕的所罗门再次被捕，被关入奥斯维辛集中营。同年 10 月，她死于毒气室。二战结束后，所罗门的作品辗转回到她父亲手里，他一直致力于这些作品的展出和传播。20 世纪 60 年代，所罗门的作品开始得到认可，陆续被博物馆收藏。

争”之间也存在冲突。我的目标是为参观者留出喘息的空间，而策展人则希望在纪念馆的每一平方米空间里都堆叠更多的信息和展品。尽管我为这个展厅分配了比原计划更大的空间，但是，由于“策展痴迷”（curating obsession），它似乎还是拥挤不堪。

困境中的房间：危机降临时的犹太－德国身份认同

一个与德国纳粹崛起密切相关的主题是德国犹太人对此有何种反应和应对方式。针对这个主题所引发的问题，我们给出的答案是构建一个受尊敬的德国犹太家庭的住宅中具有代表性的一个房间：它会帮助参观者触及这个问题的各个方面。

一个受尊敬的犹太家庭的典型住宅结构图

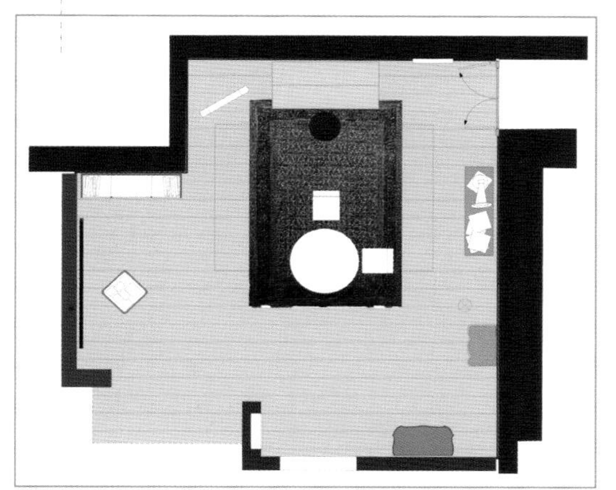

犹太人家庭的房间

在规划初期，房间的布置参考了奥尔巴赫收藏的各式文物和器具。展出的这些物品反映了一个普遍现象——德国犹太人已深入德国传统，以及他们当时的普遍感受，“这不会落到我们头上的”。这种信念在房间中放映的影片里得到了表达。一个装置将个人证词及对谈节选投射到屏幕上，如同安放在房间里的镜子或照片所呈现的那样。

另一个在最初规划阶段考虑过的方案，是建造一个有玻璃穹顶的象征性的房间。其特色是在空中放映影像，以这种方式呈现对身份问题的不同看法。与这些问题相关的展品在房间里四处摆放。这个方案很早就被排除了。

在纪念馆规划期间，赫尔曼•丛德克教授[1]的遗孀格尔达•丛德克（Gerda Zondek）去世了。她将丛德克教授书房中的一切，包括所有家具和家居用品全部遗赠给纪念馆。这为展览增添了几件无价的文物原件，而书房也被改造成了赫尔曼•丛德克教授在柏林时的房间的样子。真实的生活状态和用品既有内在价值，又有历史意义，它们一方面似乎消解了反犹主义的根本问题，另一方面又界定了德国犹太人的身份。德国犹太人在面对纳粹主义兴起和反犹主义滋生时的根本困境被轻微边缘化了，需要我们花费更多时间去重新打量才能发现。

从战争爆发到被驱逐至隔离区

这个展区表现的是在二战爆发和波兰被占领之际，纳粹对东欧犹太人表现出的态度。它展现了犹太人遭受的耻辱——被迫佩戴标志、财产被没收，以及被驱逐进犹太人隔离区。

我们的目的是展示纳粹当局对犹太人财产的剥夺，而这要通过展出那些从犹太人家里洗劫的文物和个人财物来反映。

此处的困境是以何种方式展出被洗劫的财产。我提出的展览方案是将宗教文物和世俗用品错杂地堆叠在一起，并在杂物堆旁边放置一张巨幅照片。那是一种强有力的展示，旨在触动参观者。由于担心物品被盗、被破坏，规划团队成员没有接受我的提议。另一个问题关系到宗教机构，它们可能不会赞同将圣物随意堆放在地上。

然后我提出了另一个方案——在一个玻璃陈列柜里展示犹太文物，柜子的样子就像纳粹存放这些物品的板条箱。

1 Hermann Zondek，1887—1979，德国犹太医学家，在代谢疾病研究领域有突出贡献。然而丛德克在医学界的地位并未让他逃脱纳粹的迫害。1933 年，他被纳粹冲锋队囚禁，而后被驱逐出境。他流亡瑞士，后移居以色列。

堆放在一起的犹太文物
——未采用方案

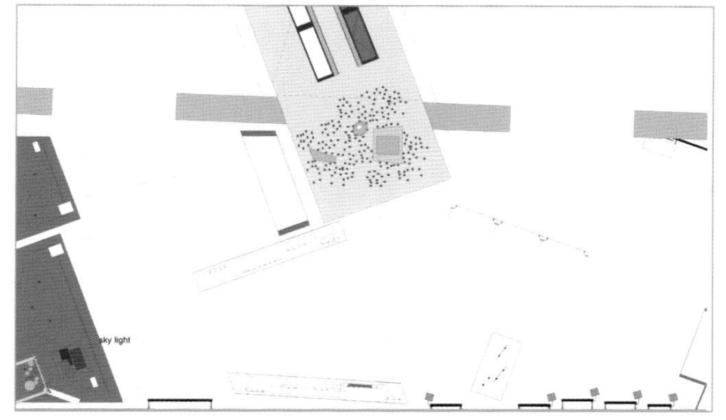

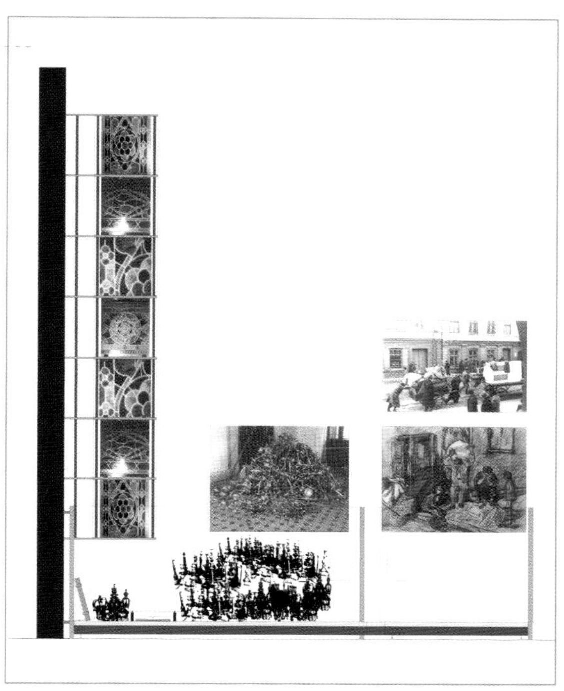

对犹太人的辨别和标记
——一块悬挂在天花板上的展板

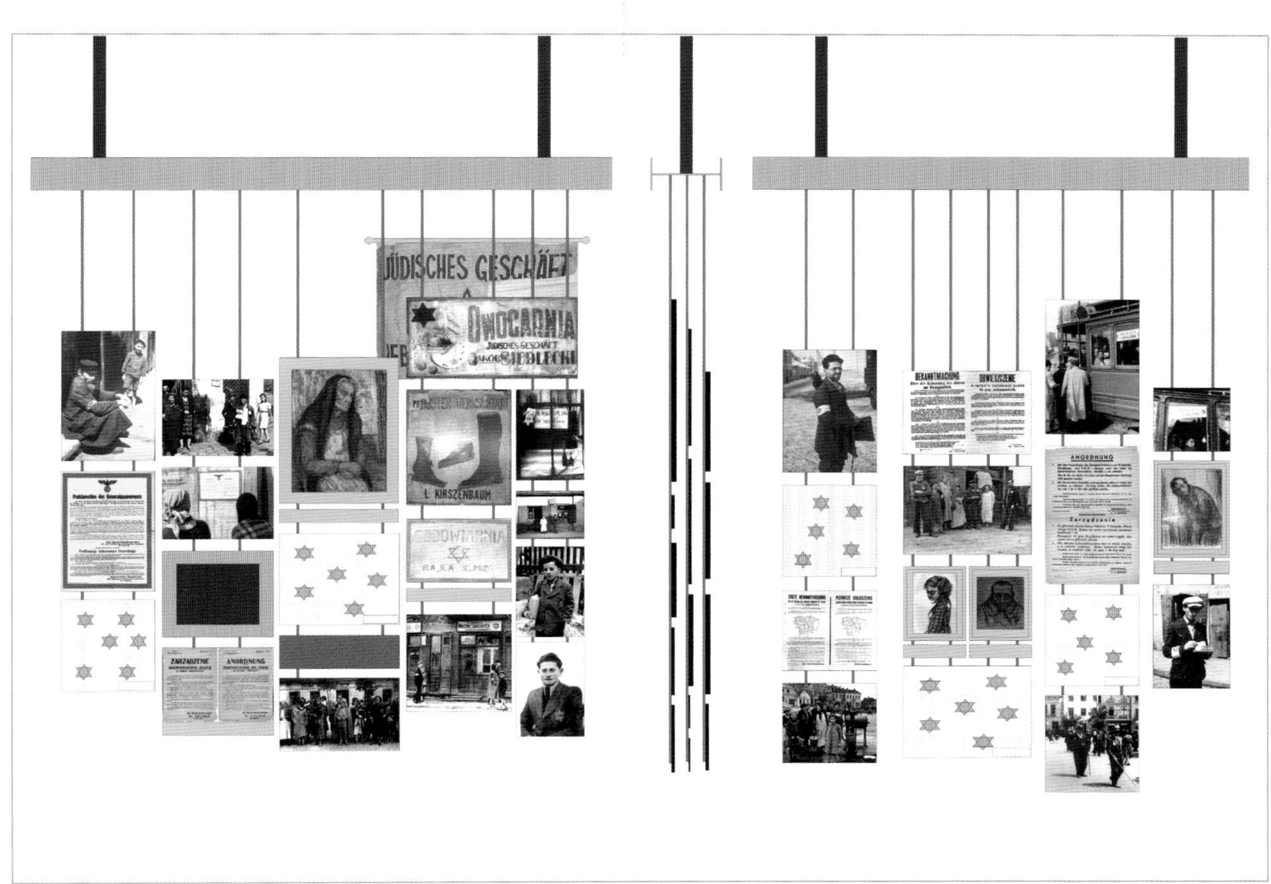

犹太文物

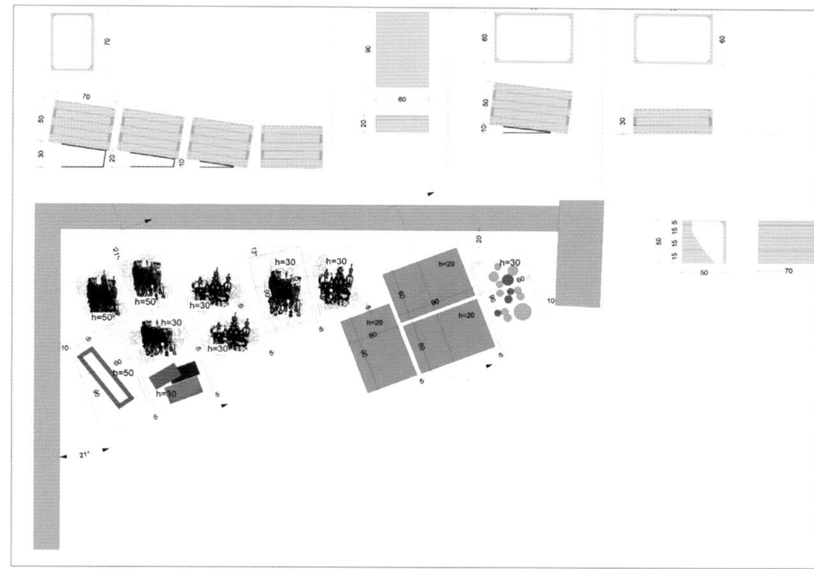

对犹太人财产的剥夺

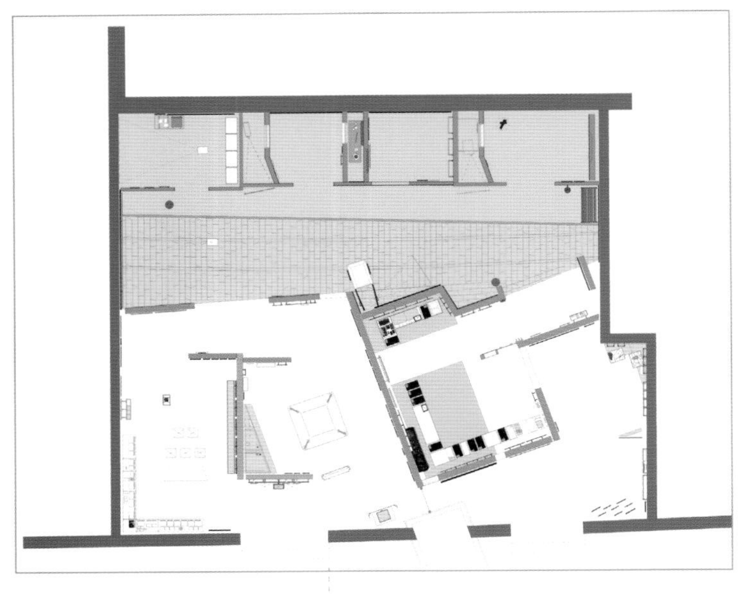

“隔离区的日常生活”展区

犹太人隔离区

在这个展厅，参观者要直面隔离区怪象：欧洲被占领区的犹太人，无论生活在城市还是乡村，都被驱逐到了那里。这个展区旨在展示隔离区的日常生活，以及犹太人如何应对纳粹的暴政，直到隔离区被废除。

这里出现的第一个难题是，应该挑选众多隔离区中的哪一个。毕竟，每个隔离区都有独一无二的故事。经过对这一问题的讨论，我们决定重点介绍总共四个隔离区。

罗兹犹太人隔离区于 1940 年 5 月陷入封锁。它是第二大犹太人隔离区，囚禁 65000—70000 名犹太人长达四年，他们被当作劳动力，受到残酷的剥削。我们选中罗兹隔离区进行展示，正是因为那里的强制劳动，“工作拯救生命”（Work saves lives）这个口号的象征意味，还有隔离区生活的特殊性，以及它漫长的存在时间。

罗兹隔离区的日常生活：劳役、饥饿、死亡、掩埋

华沙犹太人隔离区是最大的犹太人隔离区。华沙的犹太人口占该城市总人口的三分之一，1940年11月15日，这些犹太人被驱逐进隔离区，隔离区的面积仅占华沙市区总面积的2.4%。近45万人在此生活，他们被困在由全副武装的士兵把守的高墙之内。该隔离区被描摹得十分全面：我们复原了那里的莱什诺街，还加入了对日常生活各个层面的呈现，它们在一个个空间中被展出，供参观者仔细观看。

复原的莱什诺街：
住房、剧院、食物配给、“安息日欢聚”[1]

肖像展示

特雷津犹太人隔离区——转运、到达、被迫迁徙——肖像展示

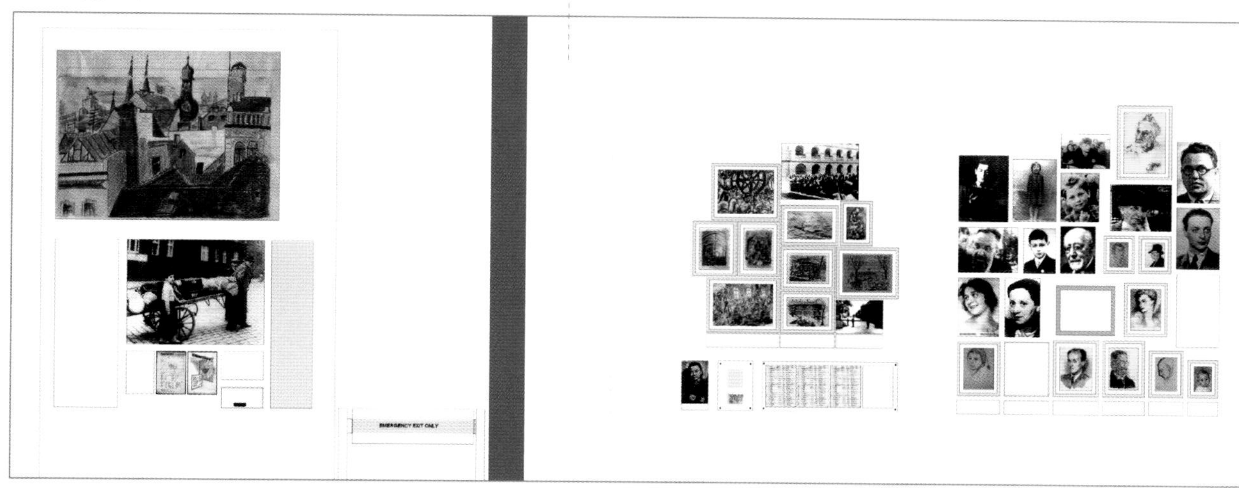

1 Oneg Shabbat，华沙犹太人隔离区地下组织，1940年11月成立，由历史学家伊曼纽尔·林格尔布卢姆（Emanuel Ringelblum，1900—1944）领导。1940至1943年间，该组织收集了大量档案和证词，其中记录了波兰犹太人的生活境况及所遭受的摧残。这些文件被分为三组，分别藏匿在三个地点。不幸的是，林格尔布卢姆于1944年3月被杀害，“安息日欢聚”组织的大多数成员也未能在战争中幸存。二战结束后，在组织幸存者的指引下，人们找到了三个藏匿点当中的两个，并发掘出文件共计约2.5万页，它们被称为“林格尔布卢姆档案”。正因为有这些档案，后人对华沙犹太人隔离区中的生活才有所了解。林格尔布卢姆档案于1999年被列入联合国教科文组织《世界记忆名录》。

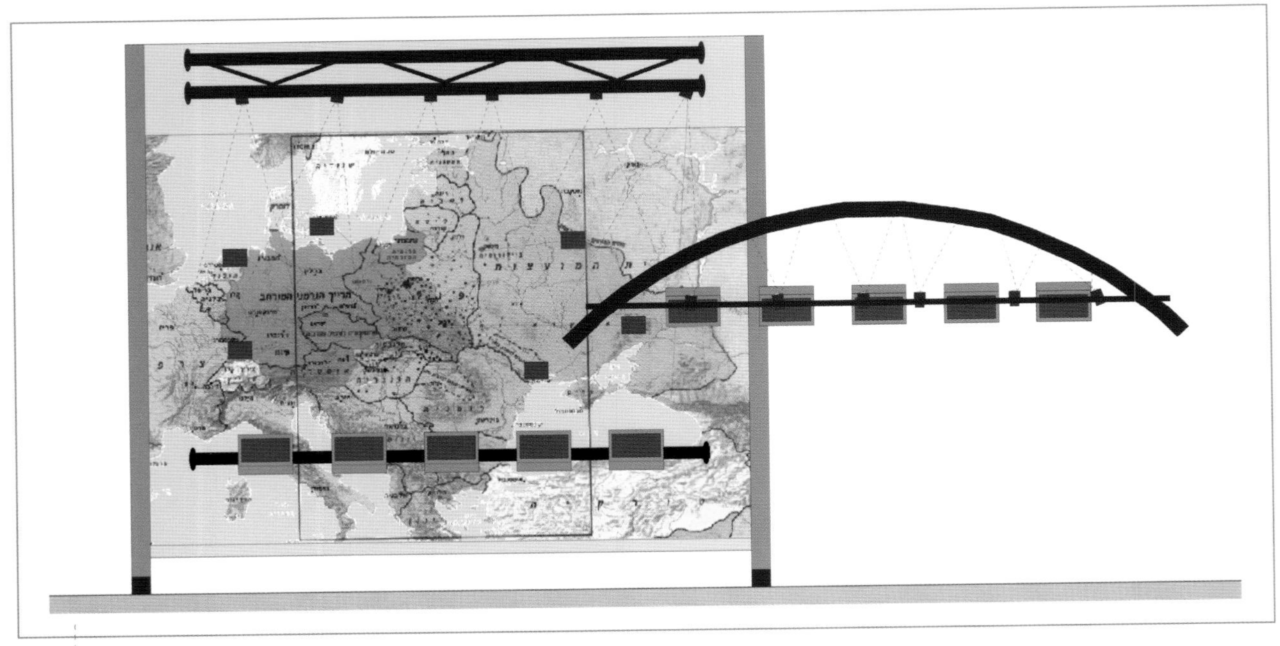

犹太人隔离区展示地图——
十二个视频播放界面整合于一张地图

1941 年 11 月，德国人建立了特雷津犹太人隔离区，这里不仅关押着来自波西米亚和摩拉维亚的犹太人，还有数千名来自荷兰、丹麦、德国和奥地利的犹太人。在德国宣传片里，隔离区中的犹太人过着合乎人道主义的、文明的“正常生活”，而事实是，那里充斥着羞辱、饥饿、谋杀和死亡。

科夫诺犹太人隔离区于 1941 年 8 月 15 日被封锁，就在德国入侵立陶宛之后。我们选择聚焦科夫诺犹太人隔离区，是因为那里的许多犹太人用照片、绘画、日记来记录自己的生活，也给予了我们真实反映犹太人隔离区生活的机会。

由于我们只能突出展现四个犹太人隔离区，因此在隔离区展览结束时，一段深入的展示将出现在等离子屏幕上，它向我们呈现出遍布欧洲的隔离区中的日常生活。这让数目浩繁的文献资料以及每个隔离区的特性拥有被展现的机会。

科夫诺犹太人隔离区——
记录者们

隔离区的日常生活

照片显示出大多数隔离区的状况——街道极度拥挤、饥饿、乞丐、疾病、肮脏、缺乏基本卫生设施以及高死亡率。照片还记录了偷运食品的儿童以及告密者滋生的现象。

在这种贫困和匮乏的背景下，宗教活动和文化生活顽强地继续着。犹太人为了生存不得不“违法”，因此他们偷运食品和其他供给品，并秘密进行教育和宗教活动。受制于纳粹规定，互助会、青年运动的相关活动、政治党派和报纸等都是罕见的。

与大多数隔离区囚徒的艰难求生形成对照的现象，是极少数隔离区富裕居民过着奢侈生活。这也在展览中有所体现。

借助当年宣传音乐会和戏剧的海报以及演出照片，隔离区的文化生活得以再现。隔离区内的剧院和咖啡厅在那一时期持续营业，光顾的大多是富裕居民。这一切都通过照片、影像片段、日记和文物得以展现。

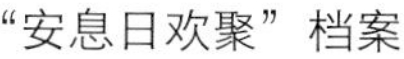
“安息日欢聚”档案

被困于隔离区中的人们遭受着极度饥饿的折磨，一些照片记录下了排队从公共厨房[1]领取食物的人们。眼神空洞的孩子和老人手里攥着面包皮。此外，幸存者证词的摘录也描述了无所不在的饥饿和为多活哪怕一天而进行的斗争。

发生在隔离区街道上的死亡也被展示出来，我们在那些曾经被用来运送街头犹太人尸体的手推车上安装屏幕，展出这些照片。在照片里，就在死者身畔，生活还在延续。

“安息日欢聚”是华沙犹太人隔离区中一个组织的名称，该团体的成员秘密集合起来，记录犹太社区中发生的事件。他们最初以天为单位，后来以月为单位进行记录。在纪念馆里，这个组织的心血通过林格尔布卢姆档案的残留部分得以展示。组织成员从事秘密活动的照片也被展出。

1 前面提到的历史学家伊曼纽尔·林格尔布卢姆，在华沙犹太人隔离区中担任犹太人自救组织的负责人。在大量贫困交加的犹太人涌入隔离区后，他请拉结·奥尔巴赫（Rachel Auerbach，1903—1976）女士协助开办了一家公共厨房，每天为隔离区居民提供一份免费汤来充饥。拉结·奥尔巴赫本人也是一位犹太知识分子，她在二战前已开始写作，在隔离区中加入了“安息日欢聚”组织，对隔离区的生活进行了详尽的记录。她也是“安息日欢聚”组织仅有的三位幸存者之一。二战后，她移居以色列，出版了一系列记录和研究犹太人大屠杀的专著，并在犹太人大屠杀纪念中心负责幸存者证词的收集、整理和研究工作。

华沙犹太人隔离区莱什诺街的复原是一个独一无二的项目。部分街道的重建使用了从华沙运送来的、街道原址的鹅卵石和人行道路面。我们也在街道的中央铺设了一段有轨电车轨道。街道上保留了当年的街灯、长椅，以及用来搬运尸体的手推车。

关于街头生活的展览在复原街道尽头放映的影片中落幕。影片带给观众一种拥挤嘈杂的感觉，隐藏的扬声器里传出背景噪音，参观者会感觉自己就站在华沙犹太人隔离区的莱什诺街上，低矮的屏幕展示着躺在人行道上的乞丐。

最终解决方案

这一展区展现的是欧洲犹太人被驱逐到奥斯威辛集中营。在有关死亡工厂和“最终解决方案”的探讨中，出现了一个问题：是否要展示整个欧洲大陆大规模驱逐犹太人的现象。我们的团队决定，驱逐和开往比克瑙灭绝营的死亡列车应该作为这个过程和整个现象的一个环节来展出。

该主题通过来自各个国家的照片来呈现和说明。我们看到登上列车的德国犹太人衣着光鲜，裹着皮大衣，戴着帽子，全然不知这将是他们最后的旅程。与此形成对比的是东欧犹太人，他们穿着破烂的衣服，身无长物，从犹太人隔离区出发。

除了这些标志性的驱逐照片，我们还加入了被驱逐的犹太人留给邻居的私人物件及用品，以及犹太人埋在被舍弃的住宅地板下的珠宝和自己所珍视的物品，他们期待着有一天会归来取走它们。

运往灭绝营——展现各个国家的景象，同时展出被驱逐者的个人纪念品

从内部拍摄的老照片

比克瑙灭绝营入口：从外部拍摄的当代照片

为了展示比克瑙集中营的入口，我们使用了一节真实的火车车厢。为了制造充满动感的运动效果，车厢以一定的角度切割，正如展厅里展示的那样。它是斜着放置的，所以参观者会感觉自己刚下火车。在他们面前，是一张从外部拍摄的比克瑙灭绝营入口的当代彩色照片；在另一面，是通向灭绝营的悲惨之门的老照片。后一张是从灭绝营内部拍摄的。

奥斯维辛集中营相册

奥斯维辛是一个特例，因为那里驻扎着一个摄影师团队和一个摄影实验室。这里展示的奥斯维辛集中营相册是文物原件，20世纪80年代，它被捐赠给大屠杀纪念馆；相册中包含197张照片，记录了1944年被转运到集中营的匈牙利犹太人，包括他们到达及被安置的全过程。相册中有一些特别的照片被放大了，挂在展厅的墙上。玻璃陈列柜中放有一个视频浏览器，可以借助它来浏览相册中的照片。

想要对灭绝营中的世界进行展现，设计团队只能借助仅有的几件物品开展工作：我们决定使用奥斯维辛集中营当年的木制床铺和迈丹尼克灭绝营的汤罐，与集中营照片并列展出。焚化炉照片下面还摆着几罐齐克隆B[1]。我们还增添了一些文物，如囚犯制服、餐具、祈祷披巾[2]和经文护符匣[3]，以及被处死的人们的其他物品。

我们解决了一个问题，即如何通过拍摄角度不同的照片，在展区表现被直接杀害的人们和在劳动营偷生的人们之间的联系。在一张放大的照片中，我们看到那些被选中灭绝的犹太人被驱赶向焚化炉，而在另一个视角的照片中，我们望向集中营营房，房间里填塞的木制床铺顶到了天花板。这一切构建出了一幅集中营日常生活的全景画面，奥斯维辛集中营幸存者耶海厄勒·德-努尔[4]将其称为“另一颗星球”。营房里放映着一部影片，展现着集中营日常生活的方方面面。

1 氰化物药剂，由德国化学家发明，原来作为杀虫剂使用。二战期间，纳粹德国在集中营使用齐克隆B进行大屠杀。

2 prayer shawl，犹太教礼仪用品，用白色亚麻布制成，长150厘米，宽115厘米，横贯若干条蓝色或黑色条带，两边有流苏，四角各有一个小孔，带结的绳穗穿孔而过，是现代以色列国旗的设计原型。

3 phylactery，也被称为tefillin（塔夫林），是一种装着写在羊皮纸上的经文的黑漆皮盒。在犹太传统文化中，男子应从13岁开始佩戴经文护符匣，他们会将其用黑色的皮革绑在胳膊上或头上。

4 Yehiel De-Nur，1917—2001，波兰犹太作家，奥斯维辛集中营幸存者。他原名耶海厄勒·费纳（Yehiel Feiner），De-Nur是希伯来语“烈火”的意思。他的另一个常用名是卡-蔡特尼克135633（Ka-Tzetnik 135633，Ka-Tzetnik在意第绪语中意为集中营囚犯，135633则是他在奥斯维辛集中营的编号）。1961年，在以色列法庭审判“最终解决方案”主要执行人阿道夫·艾希曼的过程中，耶海厄勒作为证人出庭，在谈到卡-蔡特尼克135633这个名字时说，这不是笔名，它代表他来自奥斯维辛星球，“那里的时间与地球上的不同……那个星球上的居民没有名字，他们没有父母，也没有孩子……他们根据不同的自然法则呼吸，他们没有生活——他们也没有死——根据这个世界的法则。他们的名字就是号码”。二战后，耶海厄勒出版了多部反映集中营暴行的小说，其中以《玩偶屋》（*House of Dolls*）最为著名。由于出现了很多与性暴力相关的情节，他的作品饱受争议，犹太哲学家汉娜·阿伦特就曾对他的小说和一些言论表示过质疑。

文物原件：被关押者的制服、餐具、祈祷披巾、经文护符匣，以及被处以死刑的人们的其他物品

焚化炉展示——配有当年的焚化炉炉门

关于是否要展出死难者的鞋子藏品，我们没有任何争议。但我们仔细推敲了鞋子如何放置——是散落在铁丝网围墙间，还是放在玻璃橱窗里？我们的团队认为第一种方案太过标新立异，因而这些鞋子最终被放进一个嵌入地下的玻璃陈列柜中。

有关“最终解决方案”的展区相对空旷：它被冷光效果打亮，让人联想到死亡工厂。

国际义士

有一个问题引发了我们的激烈争论，那就是，是否以及如何为国际义士保留一席之地。我们反复推敲这个问题，是因为国际义士本质上不是大屠杀或浩劫中的一部分，但他们却是大屠杀故事中不可或缺的一部分。我们提出了很多可供探讨的提议，包括：放置一些桌子，在桌上摆放有关国际义士的一系列故事集，参观者可以坐下来阅读这些材料；或者，直接展出十八个呈现信息的立柱。

这些立柱将特别展示那些拯救过犹太人的杰出人士的相关文件、文物和照片。按照这个方案，被大屠杀纪念馆认证及表彰的国际义士的信息将会以互动的形式展示出来。

在各式各样的创意当中，我们选中的方案是，在展厅中间放置两组展示十八位国际义士的大幅照片的展柜。照片下方是一组抽屉，其中分别盛放着十八位国际义士的救援故事，以及一些展品和文件。

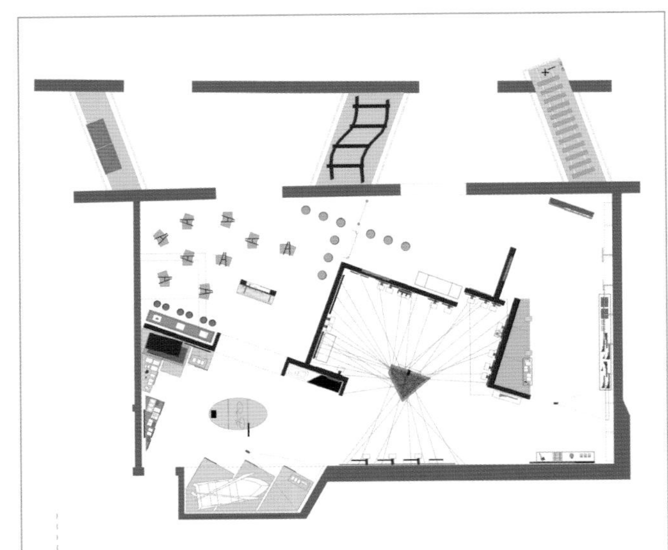

未采用方案

在隔断墙上，我们展出了耶胡达·培根[1]的画作《献给重建我的人性信仰的人》（“To the Man Who Restored My Faith in Humanity”）。这是一幅彩色油画，描绘了一个灵魂从大屠杀的地狱中被拯救出来，走向阳光和希望。

混凝土墙面依然保持裸露。

1 Yehuda Bacon，1929 年出生于捷克斯洛伐克，1942 年，他被送入特雷津集中营，次年又被转送到奥斯维辛集中营。这些经历后来都成为他创作绘画的题材。

结合文物原件
展现的营救故事

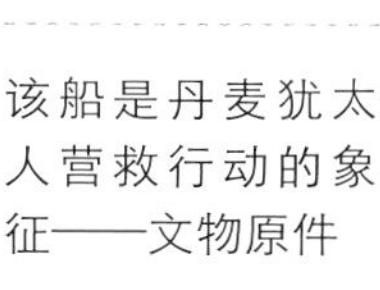

该船是丹麦犹太
人营救行动的象
征——文物原件

国际义士

Aristides de Sousa Mendes
Janis and Johanna Lipke
Anton Schmid

国际义士展示

辛德勒名单——被奥斯卡·辛德勒雇用的犹太人名单副本

流离失所者营地

令设计团队展开激烈争论的问题有：

我们应该全面展示被解救幸存者在流离失所者营地的故事吗？

展现纽伦堡审判最为恰当的方式是什么？

将艾希曼审判放在哪里呈现？

当代历史学探讨议程上的另一个问题是——对大屠杀事件的展览是否应该以以色列建国告终？建立一个以犹太人为主要民族的国家是对欧洲犹太人遭受大屠杀的回应吗？一些人坚称，大屠杀不是以色列建国的直接原因，其他人则表示，此二者在历史上不可割断，因为这个新生的国家成为许许多多大屠杀幸存者的家园。

我们最终决定按照以下方式设计展览。在展厅中央放置玻璃陈列柜，其中的物品象征着无法平复的精神创伤、残酷的记忆和对黑夜的恐惧——那个只属于大屠杀幸存者的世界会成为他们终生背负的重担。在展厅四周的墙面上，展示着大屠杀最后阶段的故事。

张贴着寻亲名单的公告牌开启了这部分展览，第一份名单出现于 1944 年，那时欧洲的部分地区获得了解放。紧随其后的，是一个象征性重建的流

“幸存余众”展区规划

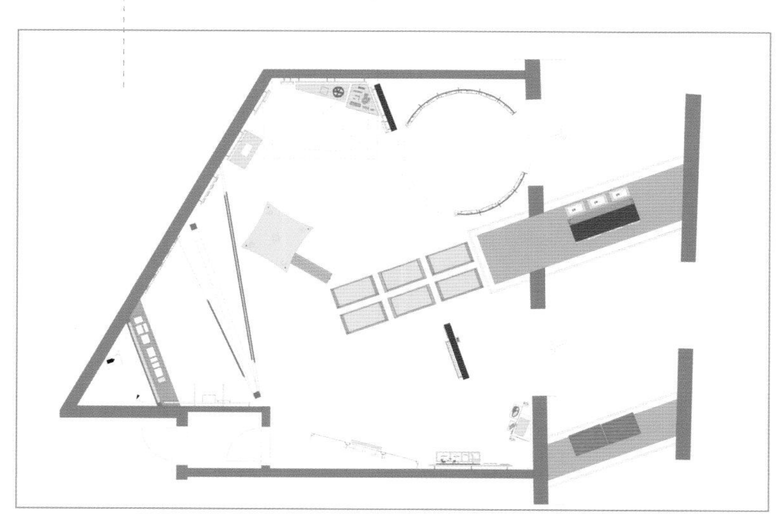

离失所者营地的棚屋。我们重建了棚屋的大概四分之一，与灭绝营展区营房的规格保持一致。墙面上放映着一部影片，讲述一对结缘于营地的夫妻的家庭生活：影片展现了他们的婚礼，以及他们如何移民到以色列之地（the Land of Israel）。在电影的结尾，他们的孩子在以色列降生，字幕注明这对父母决定不向孩子讲述大屠杀的故事——许多许多年过去了，孩子才听说了父母的经历。

“寻亲”展板

展览最后所展现的，是大屠杀幸存者从欧洲前往许多国家，特别是美国和以色列。这些流离失所者的故事以他们移民到以色列和 1948 年以色列国宣布成立告终。它以一部短片的形式呈现，短片中着重表现了大卫•本 - 古里安[1]宣布建立独立的以色列国的演讲。以色列国歌《希望》（Hatikva）作为背景音乐播放。四周的隔板上放映的幻灯片展现了 20 世纪 20 年代以色列国成立前的犹太人定居点。

展览在结尾展出了向以色列地的迁徙以及以色列国的建立

艾希曼审判

参观者与最后一个展区和展示以色列国建立的装置告别后，他们将被带回 20 世纪 60 年代的以色列，那时大屠杀的记忆在全社会引发激荡。

阿道夫•艾希曼是策划“犹太人问题的最终解决方案”的核心人物，摩萨德成员在阿根廷追踪到他，并将其抓捕回以色列。1960 至 1962 年间，他在以色列受审，被判处死刑并执行。

这场审判迅速成为以色列公众生活和媒体报道的焦点。许多以色列国民都关注着审判的发展，其他国家的人们也是一样。审判过程引起了以色列公众的极大兴趣，特别是那些出生在以色列或经历过大屠杀的人。

1 David Ben-Gurion，1886—1973，原名大卫•格鲁恩（David Gruen），出生于波兰。他是犹太复国主义运动的领袖人物，被称为“现代以色列之父”，也是以色列第一位总理。1948 年 5 月 14 日下午 4 点，本 - 古里安在特拉维夫现代艺术博物馆宣读了以色列的《独立宣言》，这标志着以色列国的建立。

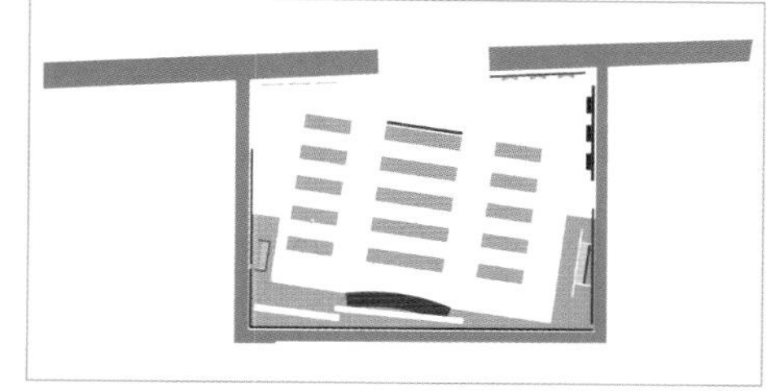

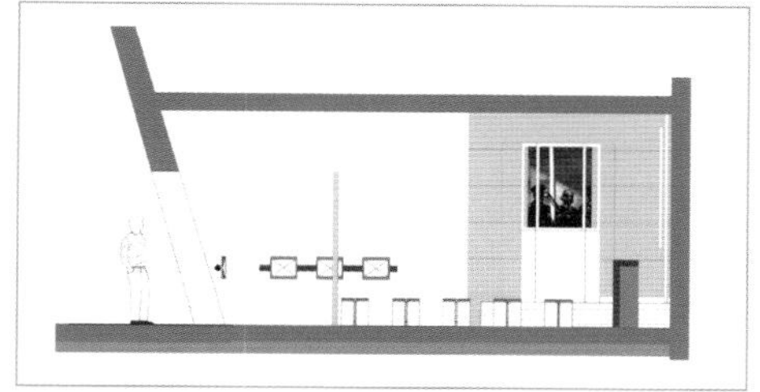

纪念馆的工作人员就以下问题进行了认真的思考：如何呈现艾希曼审判？这次审判在20世纪60年代对大屠杀幸存者及更宏观的以色列社会产生了什么影响？

一个方案是在纪念馆的展厅的一处隔断展现审判过程。另一个方案则是为展现这一事件专门建造一个独立的房间，重建法庭和关押阿道夫·艾希曼的玻璃间[1]。整个审判过程会被全面再现。有人提出用纪录片、剪报、照片以及提交给法庭的证据来展现庭审的各个阶段。

鉴于位于伊扎克山（Tel Yitzhak）基布兹[2]中的灯塔博物馆（Massuah Museum）已经对“艾希曼审判”进行了全面呈现，我们决定以更有针对性的方式来展示它，使用三个大屏幕进行联合展示。屏幕的大尺寸使得该次审判的首席检察官吉德翁·豪斯纳（Gideon Hausner）的发言能够配上硕大的字幕。他说道：

“在这里，我站立于你们——以色列的法官面前，起诉阿道夫·艾希曼。我并非孤身一人。此时此刻，六百万名指控者就在我身边。但是他们不能起身，将表达控诉的手指指向那个身处玻璃间里的人，也不能对他高喊——我控诉！因为他们的骨灰被堆在奥斯威辛集中营，散布在特雷布林卡的田野上，被波兰的河流冲走。他们的坟墓遍布欧洲各地。他们的鲜血在呐喊，但他们的声音无法被听见。因此我将为他们发声，我将以他们的名义做出最严厉的控诉。”

在文字中寻回记忆：视频艺术装置

由于纪念馆规划团队决定不再重建艾希曼审判的场景，纪念馆出口附近就有了一些可利用的空间。

我们的许多讨论都围绕着记忆这一主题，我们希望在参观者即将告别大屠杀体验之际向他们传达这个主题。另一个主题是保存记忆，犹太人大屠杀纪念中心这一机构自建立以来，一直以多种方式参与记忆的保存。我们一致认为，参观者的旅程应该在对那个时代的纪念中落幕。

在那些被大屠杀毁灭的著名人物、作家、诗人以及一个个普通犹太人写下的关于大屠杀的重要陈述中，记忆得以彰显。我们选择通过艺术家乌里·采伊格的视频艺术装置来呈现他们的文字。一方面重点展示大屠杀后发现的手稿原件，另一方面用特殊的格式呈现字句本身。

演示过程伴随着背景音乐，参观者可以安静地坐下聆听，慢慢消化那些放映于他们眼前的文字，它们承载着记忆。这是这场令人心碎的大屠杀历史纪念馆之旅的最终章。

1 在审判过程中，为了防止艾希曼被愤怒的民众伤害，他一直被单独关在一个防弹玻璃间里。

2 Kibbutz，以色列的一种集体社区，以从事农业生产为主，那里没有私人财产，生产资料和财产归集体所有，所有成员的衣食住行以及教育和医疗资源都是免费的。

姓名大厅局部
孔波 摄

姓名大厅

纪念馆规划团队做出的一个重要决定，是在大屠杀纪念馆的最后一个展厅中，将档案中心呈现在参观者面前。“证词集成”项目[1]于1955年启动，收集工作历经数十年，并且仍在不断增加。幸存者、亲属以及任何一位记忆清晰的人，都被邀请撰写证词，以此缅怀他们痛失的一切。通过这种方式，他们将成为保存大屠杀记忆和证据努力的一部分。

在大屠杀纪念馆新馆中，姓名大厅被设置在历史事件实录的最后，它是纪念馆的核心，或许也是整个建筑中最震撼人心的部分。

姓名大厅的入口处，摘录了一段本雅明·方丹的诗歌：“我同样，有一张……

1 The Pages of Testimony，是一个由大屠杀纪念馆牵头，面向全球收集六百万犹太人大屠杀死难者的真实姓名和生平的项目。参与这一项目的大屠杀幸存者及死难者的亲朋故旧需要填写一张“证词集成”表格，将要申报的遇难者的姓名、生平写入其中，如果有可能的话附上照片。目前，大屠杀纪念馆已经收集到超过二百七十万位死难者的相关记录，这些记录由二十多种语言写成，它们被保存在大屠杀纪念馆的姓名大厅当中。收集工作目前还在继续。

部分死难者照片

面孔，简言之，一张人类的面孔。”这首短诗以动人的简洁语言概括了纪念馆的主题——对个体和全人类的考量。

我将方丹诗歌的精髓与死难者的照片和幸存者的故事联系在了一起，当我规划位于姓名大厅中央同时作为其核心的圆锥体时，同样也是如此。悬在空中、高达十米的圆锥体，表面布满了被光线点亮的弧面玻璃板，其中镶嵌着死难者照片。这些照片都来自“证词集成”。它们展示着一张张人类面孔，正是这些人，构成了那个曾经多元而鲜活，如今却已失落的犹太世界。

总共六百张死难者照片，被放置在由一页页证词组成的背景上。它们分布于九十二块展板上，排列成七个圆环。圆锥体的下部靠人工照明，上部则靠天然采光。

这个“记忆之锥”（the Cone of Memory）装置倒映在其下方的水潭中，意味着那些名字和生平均已消散的死难者永垂不朽。

证词文件夹
孔波 摄

自大屠杀纪念馆成立以来，其工作人员收集和研究的三百多万页证词被安放在“记忆之锥”周围。为了妥善安置六百万大屠杀死难者中的每一位，我们已经准备好了存放“证词集成”的特制文件夹。

第一人称复数

汉娜 · 雅布隆卡教授（Prof. Hanna Yablonka）

拿弗他利 • 贝泽姆（Naftali Bezem ）
《从大屠杀到重生》

20 世纪 70 年代末的某一天，我探访了犹太人大屠杀纪念中心。那时正值一个决定性的时期，1973 年的赎罪日战争[1]后，我们一代人赖以成长的全部真理都被粉碎，我们在以色列的存在是如此的脆弱……“仿佛是处于大屠杀中”。

我是在大屠杀纪念馆开放几年之后到访的，现在那个纪念馆被称为“旧馆”。纪念大厅的悼念仪式带给了我个体化的、私人的体验，之后我参观了纪念馆。当时的以色列人并没有使用“叙事”“霸权叙事”（hegemonic narrative）这类术语，但是很多年过去了，我依然记得我面对展厅入口的那件艺术品时，那种深深攫住我心灵的兴奋。那是一幅铸铝浮雕，由艺术家拿弗他利·贝泽姆于 1974 年创作。它所承载的信息被进行了象征性的符号加密，其中用到的绝大多数是犹太元素：浮雕分为四部分，以时间顺序编排在一起。

第一部分：大屠杀

一名被倒置的妇女手持两个烛台，烛台象征着神圣的犹太人民和安息日，而倒置它们则代表死亡和毁灭。在这个女人的上方，有冒烟的烟囱和一排建筑，它们分别代表种族灭绝和焚化炉。女人的右边是一条被砍掉脑袋的鱼，这象征着死亡和灭绝犹太民族的企图。

第二部分：英雄主义

浮雕借燃烧的建筑来描述华沙犹太人起义，一个男性形体也被倒置着，手持代表武装抵抗的燃烧的武器和象征未来希望的梯子。

第三和第四部分：移民以色列及重生

一个坐在船上的男性形象代表移民到以色列的

1 即第四次中东战争，发生于 1973 年 10 月 6 日至 26 日，因为当时正值阿拉伯国家的斋月和以色列的赎罪日，因此被阿以双方分别称为斋月战争和赎罪日战争。当时，埃及与叙利亚试图夺回被以色列占领的土地，对以色列发动突袭。以色列在这场战争中损失巨大，初期一度处于非常不利的局面。第四次中东战争对中东局势产生了深远影响，它促使阿以双方展开和平谈判，奠定了中东和平的基础。

人们，他的上方有一位守护天使。这一形象手握象征圣殿礼器的桨。船的轮子被表现为羊角号[1]，象征着天堂之门的开启和犹太人的救赎。在船头，一支箭指向以色列地和未来。

一头狮子象征着犹太民族在其国家中的重生，令人想起“犹大狮子”[2]这个传统称呼。哭泣的狮子哀悼着大屠杀中的死难者，并承载着在第一部分中象征毁灭的烛台，只不过在这里它是向上直立的，代表重生。狮子身上的仙人掌（对应希伯来语中的“萨布拉”[3]）绽放花朵，象征着出生在以色列的新一代，以及对未来的憧憬。

创作该作品的雕塑家的故事，可以说比上述这些更有力量，更具象征性，它也是以色列话语（Israeli discourse）发生变化的一个鲜明例子，正是这种变化催生了2005年开放的新馆。拿弗他利·贝泽姆，1924年出生于德国埃森（Essen），1938年在青年阿利亚组织[4]的帮助下移民以色列地。但他未能再与父母相见：他们于1942年在奥斯威辛集中营被杀害。

如同许多像他这样的年轻人，贝泽姆到达以色列地后，饱览这里的自然及人文风光——这对他来说是决定性的时刻。他的大部分作品都与犹太复国主义主题有关。和许多在大屠杀中幸存的以色列艺术家一样，他从未停止对那个被毁灭的犹太世界的追念，他的艺术作品也意在纪念那个世界。

这种引人注目的二元性是他作品中鲜明的主旋律。尽管拿弗他利·贝泽姆在以色列建立了家庭，但犹太式命运还是追上了他：他的一个儿子在一次针对耶路撒冷的恐怖袭击中丧生。目前，贝泽姆大部分时间都居住在瑞士。

我要在这一点上做进一步说明，以解释一些说法——它们认为纪念馆旧馆是由“二战的一代”构想并建造的，而新生代的以色列人创建了纪念馆新馆，并将土生土长的以色列人的观念作为其核心。20世纪50年代出生的那代人尤其如此，他们中的一部分人无论从血缘还是从文化上看，都是大屠杀幸存者的子女，当时“大屠杀”已成为以色列民族认同的重要组成部分。开启大屠杀纪念馆新馆序幕的视频艺术的作者米哈尔·罗夫纳和设计师多利特·哈雷尔也都是他们中的一员。

回到贝泽姆的作品。这座浮雕的伟大之处在于艺术家的非凡才华及其情感冲击力，通过对童年场景的追忆和对重生的表现，触动参观者的心灵，使敬畏之情油然而生，尽管许多参观者并非出生在以色列。它的弱点是缺乏鲜明的人性因素……人的面孔是缺席的，尽管几世纪以来安息日蜡烛和鱼是犹太人生活中不可分割的一部分。最引人注意的或许是眼睛的缺失——犹太人的眼睛，无论智

1 shofa，由公羊角制成，是犹太人的一种古老乐器，《圣经·出埃及记》中就写到，当上帝在西奈山现身时，羊角号的声音令以色列人因敬畏而战栗。羊角号现今主要于犹太新年和赎罪日，在犹太教会堂中吹奏。

2 古希伯来人共分为十二支派，犹大支派是其中之一，它的象征是狮子。犹大狮子后来也成为犹大王国的标志。

3 Sabra，在希伯来语中既有仙人掌的意思，也有土生土长的以色列人的意思。

4 Aliyat Ha-Noar，由瑞卡·弗莱尔（Recha Freier，1892—1984）于1933年在德国柏林成立。这个组织将超过7000名犹太儿童和青少年从纳粹德国转移到以色列地。二战后，该组织救助了约20000名在大屠杀中幸存的犹太孤儿。目前，青年阿利亚作为一个教育组织仍在继续运转。

慧还是悲伤，总带着锐利的凝视。以此为起点，我将要展开深入纪念馆新馆的旅程。

在新馆入口处，放映着震撼人心的视频艺术展览，《我仍然看到他们的眼睛——消逝的犹太世界》（“I Still See Their Eyes - The Vanished Jewish World”）。对那个消逝世界的景象和气味的热爱，凝结成了这一幕，尽管没有象征意义。视频将我们带入生活之中：人们的脸庞，走过的街道、衣着、笑容、他们创造的文化，还有大人和孩子，以及最重要的——直击你内心的双眼。这是人，不是符号。米哈尔•罗夫纳创作了一个 10 分钟的视频艺术装置，该装置将影像投射在 12 米高的三角形纪念馆东墙上。在我们面前的是犹太人，他们的世界还没有经历伤害，没有卑躬屈膝，没有遭受灭顶之灾。这个世界生机勃勃，繁荣而富饶，硕果累累。我们可以听到来自它的声音，其中涌动着令人心碎的生命力。他们就在我们眼前，但他们早已离去。

然后我意识到我们是多么强烈而绝望地渴望他们——他们是我们的兄弟姐妹。事实上我们都是残破不堪、伤痕累累的幸存者，是“she’arit hapleita”[1]，也是幸存的余众，我们的伤口得不到医治，我们的渴望也得不到回应。

在我们这一代中，有很多人失去了祖辈和父辈，罗夫纳的装置作品激起了一个情感巅峰，它向我们展示了曾经的犹太世界，那时没有大屠杀，也就谈不上重生。我认为这个开端是无法超越的。

由此可见，拿弗他利•贝泽姆和米哈尔•罗夫纳共同呈现了以色列广泛社会面貌的变迁，以及对大屠杀、死难者，特别是对幸存者理解方式的变化。纪念馆设计师多利特•哈雷尔指出，罗夫纳的短片是“通过对五种重要生活方向的凸显，向参观者展示寻求出路的过程，以及深入思考思想形式和生活方式之间的冲突的过程：

- 信仰的同化与融合，将犹太人变为德国民族主义的一部分。
- 犹太复国主义。
- 理想主义的观点，主要为崩得所持有，但并非其独有。
  犹太人只能融入社会主义政权。因此，许多犹太人会积极参与意识形态运动、接触共产主义。
- 正统派犹太教，选择保守而非变革。
- 选择移民的漂泊生活。

这展现了正处于十字路口的犹太世界，早在纳粹掌权和大屠杀的恐怖降临之前，这个世界已经地动山摇。

这也呈现出当时的犹太人对自身及未来的看法，着重表现了造成他们内部分裂的根本冲突，以及他们与社会和国家环境之间的碰撞”。

哈雷尔总感到有所欠缺。她在记录中评论道：“尽管米哈尔•罗夫纳创作了一件宏大开阔的艺术品，但该装置并没有实现预设的全部重要目标。”

在我看来，这倒不是一件坏事。展览不应该成为学术论文，也不应去处理各种复杂的问题和事实。就那些对流散的犹太人一无所知，并且倾向于认为这些犹太人只是一个刻板、统一的集体的年轻人

1 希伯来语，特指犹太人大屠杀幸存者。

而言，目前这个装置的形式就足以向他们展现犹太人民生活的复杂性和文化的丰富性。它使我们能够与自己民族被切断的肢体产生情感联系。

此时，纪念馆中，这部影像结尾所展开的故事获得了一个全新的背景，我始终认为，它是唯一一个将大规模种族灭绝进行人格化展现的背景。

参观者要进入展览，就必须遵循预设的路线，他们应该在这里转身，背对这个装置，换言之，他们必须背对着“在那里”的人们。这是一项艰难的任务！尽管意识到这毫无理性可言，可我感觉他们又一次被抛弃了，我仿佛又一次转身离去，从他们伸过来的手里把自己的手抽走。

不过这种感觉很快就会消散，因为纪念馆立即将人们的注意力吞没了。

展览顺着这座三棱柱形建筑的中轴展开，从多种层面来看，它都明显是历史性的。历史学家要着手研究的正是构建展览的原始材料——时间。展览的故事按时间顺序展开，并沿着以色列历史学界认可的大屠杀历史时间轴推进——从 1933 年希特勒掌权到 1948 年以色列建国。

展览在某种意义上具有历史性，因为它展现了对历史事件的重建，而这仰赖于大量的历史资料——一些源于档案馆，另一些是私人收藏，再加上那个时代的艺术品、日记和文学文本。所有这些都是与那些历史事件同步产生或写就的，并且关系着时代精神、日常生活的基本结构，还有那一双双见证的双眼和它们所见的一切。

展览就像一本经过精心调研和建构的历史书，被划分出了“章节”，这也凸显了其历史性。纪念馆的中轴线是在山体上开凿出来的，它被九条浅浅的沟槽（哈雷尔将其称为“隔断”）分隔开，参观者不能毫无阻碍地只沿着这条轴线参观整个纪念馆。这些隔断划定一条参观路线，迫使参观者根据道路两侧的历史和时间顺序前行。对参观者来说，这些断裂标志着历史转折点，推动这些戏剧性事件走向不可避免的结局。隔断中标注的历史学说明，来源于自纪念馆旧馆开放以来逐渐形成的庞大信息库，以及目前最为权威的对最终解决方案的演变及其历史的公认解释。

用哈雷尔的话来说：“据我所知，我们不能在参观者面前隐去任何一个历史事件。参观者应当并且有义务体验展览的每一个展区，不能略过或删减。”[1]

那些断裂意味着什么？它们当中的一些阐明了犹太人灭绝计划在欧洲实行的大背景，另一些则反映了在这史无前例的暴行中固有的道德和文化以及人性危机的重大时刻。

第一隔断通过描述一个发生于二战后期的事件，开启了整个展览。隔断中展示了一幅苏联军队拍摄的照片，苏军于 1944 年 9 月 28 日抵达爱沙尼亚克卢加集中营，并拍摄了这些照片。为了掩盖罪行，德国士兵杀害了超过2000名犹太人，并焚烧其遗体。他们不得不在尸体化为灰烬之前仓皇撤离。在照片旁边，展出了一些死难者遗留下的个人照片、信件和少量物品，其中的一些边缘都被烧焦了。所有这一切，都令死难者再度变得鲜活。

第二隔断开启了编年体叙事：戈培尔密谋的焚书事件，以及德国诗人海因里希·海涅的不朽预言：

1 这段话是多利特·哈雷尔在一本讲解纪念馆历史的著作中写下的。哈雷尔是纪念馆唯一的设计师，她在纪念馆开放一年后去世，当时只有 56 岁。——原书注。其中“一年后”应为“两年后”。

"他们在那里烧书，最终也将在那里焚人。"尽管就连海涅也无法想象这种暴行的恐怖程度。通过这一警句和焚书行动——展览中对其进行了部分展示，参观者得以窥见德国社会在20世纪30年代所经历的深刻文化断裂。

第三隔断展现了德国军队入侵波兰。它标志着第二次世界大战的爆发，以及导致"最终解决方案"出台的决定性发展。

第四隔断——犹太人被驱逐至隔离区。

第五隔断——1941年6月，德国入侵苏联，以及第一次大规模种族灭绝行动。

第六隔断——运送犹太人的火车、铁轨……万湖会议，该会议决定将针对犹太人进行的大屠杀扩展到整个欧洲。

第七隔断——1943年11月，一辆卡车在马伊达内克集中营装满被害犹太人的遗体，要运往焚尸炉。

第八隔断——德国军队在斯大林格勒投降，这一事件标志着德意志帝国走向了穷途末路。

第九隔断——复杂的死难者统计数据与为这些难以把握的信息提供"抓手"的尝试被并置在一起。这里的照片拍摄于1937年的波兰小镇乔别尼亚（Chobienia），画面中是齐斯马•赖希（Zisma Reich）和纳查•赖希（Nacha Reich）的婚礼。有64个人定格在了这张洋溢着欢乐的照片中，而参观者马上就会知道，他们中的54个在大屠杀中被杀害。这根独立的故事线帮我们勾勒出整场浩劫的全貌。

这种结构具有明确的实操意义。该展览结构分明，所有参观者因此对其内容和信息一目了然——无论是喜欢独处、不想聘请导游的散客还是由专业导游带领的团体参观者。这里还有一个真正意义上的尝试，就是将大屠杀置入二战的背景之中，这与多年来在以色列公共意识中占据主导地位的视角截然不同，它的根源在于幸存者讲述自己故事的方式。

大屠杀故事的界定，是由幸存者来建构和掌握的，与二战的历史编纂不同，大屠杀的时间边界被分别设定在1933年和1945年。也就是说，它起始于希特勒掌权那年，而不是二战爆发的1939年。换句话说，幸存者构建了脱离二战背景的大屠杀故事。

这样定义时间段的方式表明，大屠杀是既属于又不属于二战的历史篇章。在幸存者的遭遇中，有两个与二战相关的基本时间点。一个是他们的家园被德国人占领（或是变为德国控制区——保护国或卫星国）的时间，另一个是战争行动结束的时间（也就是"解放"）——不论他们当时身在何处。关于"解放"这个概念，我们必须持保留态度，需要注意的是，这个词主要是被犹太人使用。伊扎克•祖克曼（Yitzhak Zuckerman）的证词提供了一个例子："1945年1月的一天……我们听说苏联红军的坦克开到了镇子的集市上。对我来说，我们的哀恸仿佛从未像那天的喜悦那么强烈。"[1] 二战和大屠杀这两个篇章的彼此脱节对公众的认知产生了长远的影响。

1 From the Minutes of the Council of the United Kibbutz Movement, in Kibbutz Na'an, 9-10 May 1947. Cited in Yitzhak Zuckerman (1988) Exodus from Europe. Tel-Aviv. (Hebrew)——原书注

那些选择发声的幸存者，在讲述自己故事的时候，就仿佛完全生活在封闭之中，被隔绝在全球重大事件之外。这种观念就是这样进入以色列公共话语和教育体系的，在讲述中，大屠杀的故事好像被隔离在一个气泡里，被单独置于犹太背景中，它就如同一段只在犹太人和非犹太人之间进行的对话，被世世代代的古老仇恨玷污。

显然，展览应该提供一种截然不同的认识。

还有一个问题没有清晰的答案——设计师想象中的“公众”究竟是哪些人？谁是展览的目标受众？以色列人？如果是这样，哪些以色列人？世界各地的犹太人？又或者是更宽泛的意义上的，人类本身？

以色列最重要的文化研究学者之一他玛•卡特里尔（Tamar Katriel）曾指出，“纪念馆通过传递信息，对以色列集体记忆的塑造进行了社会磋商（social negotiations）。这是曲折而痛苦的磋商，涉及关于集体身份、群体界限以及争取社会合法性及权威的探讨。以色列社会当前正开诚布公且有意识地进行这种探讨，这影响着政治和文化生活”[1]。

厘清大屠杀纪念馆中的磋商要素，将有助于回答上述那些引人深思的问题。

一些隐含的基本问题，以及一些更深入的问题，在促成这个展览的磋商中得到了表述。社会磋商构成了首要的根基，它为死难者和幸存者保留了一个核心位置。这与“艾希曼审判”所引发的两个进程有关，以色列公众对这场审判的看法在其开始前后大相径庭。此后的几年里，以色列的大屠杀幸存者团体在整个社会中获得了至关重要的、被广泛认同的地位（它或许也是唯一一个拥有这种地位的团体）。以色列人心怀敬畏，聆听他们的证词，这些证词是由那些绝无仅有的、与大屠杀真实接触过的人说出的。处在幸存者背后的是死难者，他们的声音必须被听到。“艾希曼审判”的首席检察官吉德翁•豪斯纳在宣读开庭陈词的过程中追悼了那些无法大声控诉的死难者，从而引发了这一进程。“他们的鲜血在呐喊，但他们的声音无法被听见。因此我将为他们发声，我将以他们的名义做出最严厉的控诉。”[2] 死难者的声音也会通过他们遗留的物品、文字和艺术作品得以流传。最重要的是近年来笼罩以色列社会的集体紧迫感，人们意识到，最后的幸存者也将不久于人世，历史将成为记忆。我们必须为后代谋划。

将纪念馆新馆和旧馆两相对照，我们把令它们产生差异的深层基础展露了出来。前者以第三人称复数来谈论“关于他们”的种种，将“六百万人的死难”当作一种“必须被讲述”的状况。在这种整体认识中，任何有关个人和个体的主题都被剪除了。相比之下，新馆则完全采用了第一人称单数，将那些我们应该知道，尤其应该记住的传达给我们——唯有通过能够渗透进人的心灵和意识的个体化、私人化叙事才能实现。那是一种承载着眼睛和面孔的叙事——只有这样才能对抗生物钟。基于这种理解，那些讲述细枝末节的故事会如此强烈地与我们的生活产生共鸣。我们了解到一个家庭向

1 Tamar Katriel (1997) Performing the Past: A Study of Israeli Settlement Museums. New Jersey: Lawrence Erlbaum Associates.——原书注

2 The State-Attorney v. Adolf Eichmann, Opening Speech. Jerusalem, 1961. p. 7.——原书注

东逃亡时所面临的困境——“我们应该带上什么东西？”这是一个关键问题，它比任何讲座都更能让参观者了解到他们逃亡的意义。顺便说一句，这个问题答案是“经文护符匣”。这将神圣性从大屠杀叙述中抽离，并强调了一种认知，借用莫提•汉默（Motti Hammer）创作的流行以色列歌曲的歌词来说：我们都是“独立的、人性的、鲜活的生命体”。

另一项磋商，关系到大屠杀在以色列话语和民族身份认同中的核心地位，这体现了在大屠杀叙事中寻求代表权的不同群体对以色列集体所抱有的强烈归属感。有些人已经得到了这种代表权。特别值得注意的是，大屠杀中北非地区犹太人的故事被放置在“法国”板块的中心位置。任何参观者都不能对此视而不见。在第三个千年伊始，以色列社会将自身的大屠杀叙事称为“犹太人在大屠杀中的共同命运”，而这与二战期间北非国家发生的真实事件和那里的犹太人的命运毫无关联。

还有一项磋商是以色列国的固有信条（或者说可能是以色列对世界的态度）。以色列国的亚德•瓦西姆殉难者和英雄纪念机构是纪念大屠杀的最权威组织，而从授予以色列的大屠杀研究（即耶路撒冷学派）最高权力也可以看出这一点。学派从一开始就强调，犹太人在大屠杀中的遭遇是对犹太人民的试炼，并认可幸存者证词的史料地位，而不仅仅将纳粹德国的档案作为仅有的史料。大屠杀的故事是从个人的角度讲述的个人编年史——其中包括他们的叙述、个人物品和他们创作的艺术品。几乎不可避免的是，其重点是真实性，并且要求对大屠杀中的犹太人完全不采取评判的态度。

因此，“纪念馆的目标受众是谁？”这个问题的答案已经产生——显然是“以色列人”，更确切地说，是其中的犹太人。我可以从中解读出这一态度：大屠杀是一次前所未有的事件，多年来，人们并未能从各个侧面来理解它，它在人类记忆和道德的话语中没有获得应有的地位。这座纪念馆，位于以色列国首都耶路撒冷的中心，在纪念山上，就犹太人而言，它的存在是一次修正上述错误的经历。对他们来说，纪念馆最首要的功能是令死难的同胞永垂不朽，让这些死难者构成民族的集体灵魂，并赋予他们言说的权利。而纪念馆所承载的普通信息显然是次要的。

当我们沿着纪念馆旧馆和新馆之间绵延的时间前行，我们可以找出一些关于以色列社会代际更替的故事。

20 世纪 50 年代的孩子与他们的父母不同，他们渴望的是更多的体验和更少的说教。他们更倾向于认同而不是评判，他们对死难者的兴趣要远胜过对施暴者的兴趣，他们意识到在关于自我和国家的传记中存在巨大的黑洞，他们将曾经至关重要的主题——大屠杀时期武力反抗的英雄行动，弱化为浸泡在无边泪海中的番外故事。他们的父辈曾经深深扎根于喧嚣的犹太人街市，从未想过这会与一座纪念大屠杀的博物馆有所关联。他们无法碰触恐怖的核心，也无法直视它。这太过私人、太过痛苦了，会唤起土生土长的以色列人和幸存者对于死难者强烈的愧疚感。研究者将这种感受定义为“受害者内疚阶段”。人们还认为，应该通过强调武装起义来淡化劫难的故事。

新馆的策展者完全不受这种纪传体维度的影响。在“艾希曼审判”与“赎罪日战争”之后成长起来的这代人，不仅不再有负罪感，反而认识到应该由凶手承担对死难者的愧疚，并承认暴力的局限性。对阿道夫•艾希曼的审判给这代人留下了深刻的印象。亲耳聆听证人的证词与之前的感受截然不同。这不再只是“听说”，而是“倾听”，它意味着人们不再被动接受别人的言论，而是主动倾听字里行间的弦外之音。最关键的是，以色列人第一次从当下的视野关注大屠杀故事，直视曾身处于大屠杀之中的人们的实际经历——而不依赖以色列生活现状的棱镜。

在这一过程中，证人席上的证人所提供的证据与公众展开了对话，此刻，公众以一种不同的方式去聆听，他们不再受制于自己对所听闻的真相的恐惧，以色列人和海外犹太人之间的藩篱也已消失。更确切地说，公众想要与逝去的家人、童年的情景及那些孕育了犹太文化的土地建立联系的渴望被幸存者激发了。

证人凭借着其证词，将欧洲大屠杀编年史变成了属于以色列的叙事。这其中有三层含义：其一是公众对大屠杀故事的广泛情感认同。在接受《达瓦尔报》（Davar newspaper）的采访时，一位不愿透露姓名的以色列人表示，“这次审判强化了我的犹太意识……我开始理解犹太人共同命运的意义”[1]。其二是，那些由证词引发的根本问题，既有高度的以色列属性，也具有普遍性。这些证词成为大部分围绕大屠杀所进行的公开探讨的源头——在撰写本文时，探讨仍在继续。而最后一层含义是大屠杀幸存者——“幸存余众”，获得了社会合法性。

诗人纳坦•奥尔特曼[2]在一篇标题具有高度象征意义的文章中，完美地阐释了这最后一层含义，那篇文章的名字叫作《面容》（“Countenances”）。

“一个接一个，证人登上证人席，而我脑海中浮现出那些孤立的、不知名的异国人，他们的特征我们已经见过无数次。他们走过来，肩并肩站在一起，直到我突然清晰地意识到，他们不仅仅是一群人，也是根本而合理的客观存在，他们的品格、特征和苦难的记忆超越了生命和自然。他们是我们所属的鲜活的犹太民族的品格和特质中不可抹除的一部分……唯有置身于犹太人民之中，他们才会紧密联结，形成一个整体，成为社会架构中平凡的一部分……在耶路撒冷进行的审判已经注定并揭示出，这些独一无二的特质就是犹太民族经历的根本实质。”[3]（我想特别强调一下这段内容——汉娜•雅布隆卡）

共同的理解、对于“六百万死难者”这一笼统概念的共同摒弃和对由无数犹太人个体命运构成的犹太人集体命运的理解，以及当今将幸存者视为个体，推动了对他们日益增强的情感认同过程。这个过程在展览的创作者们心中留下了不可磨灭的印记。

许多证人的证词，再次引发了对在以色列公众当中根深蒂固的概念的探讨，这些概念解释了大屠杀期间发生的事件。在探讨之后，深层的变化出现了：犹太人宛如待宰羔羊的观念；卡波[4]作为贬

1 Trial', Davar, 7 July 1961, p.2.——原书注

2 Nathan Alterman，1910—1970，以色列著名诗人。他出生于波兰华沙，其作品与犹太人社会每一阶段的发展密切相关。

3 Natan Alterman, Klaster Ha-Panim, Davar, (June 1961). ——原书注

4 Kapo，一般特指纳粹集中营中犹太人身份的囚监。

义词，是指与纳粹合作的犹太人；起义——作为犹太居民委员会[1]的对立面；武力反抗的英雄主义——英雄主义的一种独特形式。总而言之，新纪念馆是全部探讨过程和理解的共同产物。

最后，我们不应该忽视这样一个事实，即时间的流逝改变了展览的形式，并为展览的策展人提供了丰富的照片、文物、档案和艺术作品，这些是他们的前辈不曾有过的。

被展出的这些数量庞大、多种多样的展品考验着参观者的消化吸收能力。除了本文已经提到的主题外，展览中还有“反抗”（没有提到“服从”这个词——它是当前论述的另一结论）、“自由世界”和“国际义士”——正如哈雷尔所说的那样，它们都“不能略过或删减”。自然，哪些东西能在记忆中沉淀是非常主观的。14 岁少年亚伯拉梅 • 寇佩洛威兹（Avramek Koppelowitz）死于奥斯维辛集中营，他的这首短诗为我总结了整个展览。

梦想

当我长大而且年满二十，
我要出发前往奇妙的世界，
乘坐着机械鸟，
起飞，升入高高的太空。
我会飞驰，盘旋、翱翔，
在遥远的美丽世界的上空，
呼吸着宇宙中的全部欢乐。
我要飞向天空，尽情绽放，
云朵是我的姐妹，风是我的兄弟。

这首无视恐惧的诗揭示出，将大屠杀的故事描述为漫长的、苦难的、接连不断的黑暗和伤恸，是存在着巨大的固有缺陷的。虽然大屠杀故事确实是漫长的、苦难的、接连不断的黑暗和伤恸，但生活中也存在着欢笑、爱和创造力，以及最重要的，始终存在的童年、想象和梦想。

一个停下脚步阅读这首诗的孩子，会觉得亚伯拉梅说出的正是自己的话语。

读者会去揣摩，这个故事有着怎样的结局。

这个问题有四重解答：历史的、情感的、以色列的和犹太的。

历史的结局是接受大屠杀和重生之间的内在关联，“重生”出现于犹太复国主义背景中。大屠杀故事的结尾部分讲述了以色列国的建立和幸存者抵达以色列。至此，多股线索编织在一起——拉开展览序幕的罗夫纳的装置作品，20 年代 30 年代在穆卡切沃（Munkacz）希伯来体育馆唱响的《希望》（Hatikva），以及作为展览尾声的诗歌。

1 Judenrat，纳粹德国要求欧洲纳粹占领区内的犹太社区成立犹太居民委员会，负责执行纳粹的犹太人政策。

情感的、犹太的和历史的结局可以在与大屠杀纪念馆收藏着“证词集成”档案的姓名大厅的联系中找到。姓名大厅的设计令人惊叹，融合了历史和情感元素。它由两个圆锥体组成：一个高十米，向空中耸立，由六百张死难者的照片构成，代表了犹太人民的多元。其下是另一个圆锥体，它是在山岩上开凿出来的，其底部有水，倒映着上方照片中的一张张面庞。在这里，你可以看到1944年在奥斯维辛集中营遇害的本雅明·方丹诗歌中的普世价值观的痕迹。

“只要记住我是无辜的，

并且，就像你一样，终有一死，

我同样，有一张被愤怒、喜悦和悲悯刻画的面孔，

简言之，一张人类的面孔。”

最后，在长达几个小时的参观之后，我们迎来了以色列的结局。它将我们领进耶路撒冷的风光中，令人沉浸在“强烈的蓝色光线”中，置身于历劫重生的以色列国的中心。这里是我和我的孩子们出生的地方，它属于犹太民族的后世子孙，他们对流亡生活一无所知，尽管他们是亲历者的后代。

死亡经历是否遮蔽了那些死难者生活的丰富性？又或者，描述他们的生平——其中充满了智慧的财富，比讲述屠杀更有力量？在结束了这场令我精疲力尽的探访之后，这个问题浮现在我心中。我愿意相信，这座纪念馆中遍布犹太人的见证之眼，会将我们引向第二种选择。不过，每个人的答案自然都是私人的、个体化的——并终将以第一人称单数表述出来。

大屠杀时期最伟大的诗人伊扎克·卡茨尼尔森[1]，在被驱逐进奥斯维辛集中营前不久，为我们的后代写下了鼓励的话语，他谈到了一代代以色列人之间永恒的纽带，我以他的话作为本文的结尾：

“我看到了成千上万的孩子组成了游行队伍，就在以色列地。

我看到了那些孩子，一个比一个更美丽、更有天赋……

噢，以色列的上帝！愿他们听到发生在这儿的全部灾难时，不会绝望……

坚强起来，娶妻生子，建设家园，我相信你们会养育出善良、诚实，忠实于自己人民的孩子，

1 Itzhak Katzenelson，1886—1944，波兰犹太作家、戏剧家、翻译家、教育家。他出生于白俄罗斯，其后和家人搬到了波兰的罗兹市。他12岁便展现出惊人的文学才华。成年后，他不仅出版了一系列喜剧、诗集、童书、希伯来语教科书，还将莎士比亚、海涅等作家的作品翻译为希伯来语，并创办了剧院。此外，他所建立的从幼儿园直至高中的希伯来语教育网一直运行至1939年。正是在这一年，罗兹被纳粹德国占领，卡茨尼尔森携家人逃往华沙。在华沙的犹太人隔离区，他坚持创作了大约五十部戏剧、史诗和诗歌。1941年，他的意第绪语剧本《约伯》出版，这是犹太人在德国占领华沙期间出版的唯一一部著作。1942年，卡茨尼尔森的妻子和两个儿子被关入集中营，并在那儿丧生。在1943年的华沙犹太人起义中，卡茨尼尔森和大儿子离开了隔离区。他们原本寄希望于借助自己的洪都拉斯公民身份逃离魔爪，却被关入了法国维特勒（Vittel）的拘留营。他们在那里被关押了一年，卡茨尼尔森继续写作。1944年4月，父子二人都被转运到奥斯威辛集中营，并被处死。所幸，卡茨尼尔森的部分作品得到了亲朋故旧的妥善保管，于二战后重见天日。本文所提到的“维特勒日记”后被翻译为英文，于1964年出版。

随着时间推移，他们将成为伟大的一代，远胜过遭受人类罪恶屠戮的我们这一代。

建立一个伟大的国家！一个伟大的犹太人的国家……”

（维特勒日记，1943）

汉娜·雅布隆卡教授在内盖夫的本·古里安大学任教，也是“隔离区战士之家”（the Ghetto Fighters’ House）的历史学家。她的主要研究领域是“大屠杀与犹太社会的相遇”。

缅怀多利特

泽夫·德罗里博士（Dr. Zeev Drory）

我们的多利特在睡梦中离开了我们，而这正是她希望的方式——平静，庄重。就像一位女王启程了。她沐浴，涂好面霜，戴上自己喜爱的蓝色耳环，在颈间挂上佩戴多年的项链。她梳理了头发——在她生命最后的一年里，她像年轻时那样把头发留得很长。这就是她选择的告别这个世界的方式，她带着骄傲、美丽和笑容离开了自己的所爱之人，心怀至真至诚的领悟，显现出自信与将生死视为一体的洞察。逝去的她宛然如生，面露微笑，沐浴在平静之中。

多利特•科特勒•哈雷尔，瑞秋和格达利亚的女儿，生于特拉维夫，曾在季洪•哈达什高中（Tichon Hadash high-school）学习。她于 1969 年毕业，加入了以色列军队，成为一名军官。她在伞兵旅服役，负责后勤工作。为了积攒在耶路撒冷比撒列艺术学院（Bezalel School of Art）学习设计与艺术的学费，她多服役了一年。

进入比撒列艺术学院后，多利特为自己的好奇心以及探索广泛文化领域的渴望找到了丰厚的土壤。她迷人的外貌、蓝莹莹的凤眼和充满活力的笑声总能俘获人心。她在比撒列艺术学院的同学，和她维持了多年友谊的罗内特（Ronit），在写给她的告别信中如是说："我永远忘不了第一次见到她的情景，那是在大一新生的初次聚会上，她很显眼。我还在想，这怎么可能，一个金发碧眼的女孩为何会有一双中国眼睛。她的容貌异常迷人。"多利特全身心投入学习和工作中，就算在她的朋友们精疲力尽地离开办公桌时也是如此。她会一直坚持把工作做完。"我做不完工作是不会起身的。"这就是多利特。

1974 年初，随着赎罪日战争结束，多利特和什穆利克•霍尼格 - 哈雷尔（Shmulik Honig-Harel）之间的情谊也开花结果。他是她在比撒列艺术学院的同学，也是一名以色列空军飞行员。他在战争期间被俘，战后从埃及获释回国。1977 年，这对富于创造力的璧人在完成了工业设计的学习后结为连理，他们在希莱特（Shilat）的莫沙夫[1]安家，并创立了一个联合工作室。搬到这个位于莫迪

1 Moshav，当今以色列数量最多的农业经济组织。首个莫沙夫建立于 20 世纪 20 年代。与本书前面提到的基布兹不同，莫沙夫以家庭生产为基础，土地由国家租赁给农户，农户以家庭为单位进行独立生产，莫沙夫则为农户提供生产资料、产品销售服务及教育、医疗资源和文化生活。在以色列，农业生产主要集中在三种形式的定居地，除了基布兹和莫沙夫（二者为以色列全国提供约 80% 的新鲜农产品），还有由个体农民构成、就地组织产品市场进行交易的莫沙瓦（Moshava）。

因（Modi’in）地区的新兴莫沙夫之后，多利特设计世界中最激动人心的章节拉开了序幕。

几年过去了，这对夫妇建成了一座新的工作室。无论是尘土飞扬的乡间土路还是禁止通行的路标，都不会埋没这座对参观者散发着吸引力的工作室。这座巨大的建筑，被刷成白色的隔板不对称地划分为一个个办公隔间。简约和创造力是这座建筑的主题。未经修饰的白墙和极简主义风格正是多利特的典型特色，她完全没有展示自己合作建设的那些令人瞩目的项目。渐渐地，他们建造的博物馆和游客中心遍布以色列，从北部城市丹（Dan）直到南部的阿夫达特（Avdat）。多利特将设计视为一项职业使命，它需要将历史叙事转化为对参观者具有吸引力和挑战性的视觉体验。“首先，好奇心至关重要。对于每个地点和每个项目所展现的教育内涵都要有巨大的好奇心。有时我们被邀请对已经建成的博物馆进行展览设计，但更常见的情况是，我们要设计博物馆建筑本身。我们在项目的初期规划阶段，也就是施工前便加入进来。在每个项目启动时，我们都会参观现场，了解我们必须解决的主要问题，并作为合作伙伴进行参与，设计建筑的风格。然后，借助这些信息，我们与策展人共同努力，将理念和特定的设计语言整合在一起。接下来，我们会集中展开‘头脑风暴’，决定首要重点，并选择最佳方式来传递信息和加强游客体验。敲定博物馆的风格和体验类型，这是我们的起点，没有它，我们就无法进入下一个阶段。

“我信奉团队合作和联合会议的作用，策展人在内容方面提供他们的知识，我则从设计层面进行表达。我们一起寻找一种方式来将其呈现。开放精神是最重要的，团队的效率取决于成员们之间的关注程度。”

多利特的双手和灵魂为世界各地的博物馆、游客中心和展览打上了自己的烙印，不过她的绝大多数作品都根植于以色列的土壤，根植于犹太人从古至今的历史。

第一个为她赢得巨大赞誉的项目是耶路撒冷希伯来联合学院（Hebrew Union College）的史克博尔考古学博物馆（Skirball Museum of Archaeology）。其中的考古展品以自由而具有美感的设计呈现给参观者，那些经常被忽视但却独一无二的小巧展品尤其得到了凸显。另一个由她设计的特别项目是耶路撒冷的安娜•蒂乔[1]故居。

作为一名常年参与考古学展览和历史博物馆建设的设计师，多利特经常被问及是否重复使用了某些创意或技术方案来构建历史叙事。她回答道：“我不相信万能的备用方案，我们为每个项目整合出独特的设计语言，来传递其承载的特定信息。将历史叙事用现有材料诠释出来是非常重要的。艺术博物馆、历史博物馆和考古学博物馆之间是有所差异的。在每个项目中，我们都会关注策展叙事和事实材料——尤其是文物及真实可靠的发现，以及选择用于视听展示的影像片段、第一手证词。我们将处于一个完整体系中的众多展品交织成精美的刺绣，创造出博物馆学体验。我们思考布展现场的均衡性，思考我们希望参观者花费多长时间来参观。我尝试为每个地点和场所制定一个规划，并为其量身使用特定的和独创的材料。我希望，通过这种方式，参观体验可以从情感和视觉上深入

1 Anna Ticho，1894—1980，以色列艺术家，因描绘耶路撒冷山景而闻名。她和丈夫在耶路撒冷的房子现被改造为博物馆。

参观者的意识层面，而不是仅仅停留在文字层面。”

多利特还设计了位于耶路撒冷老城考古公园（archaeological garden）中的戴维森中心（the Davidson Visitor Center）。它被设置在一座伍麦耶时期的宫殿（Umayyad Palace）的储藏室中，展示了横跨2000年的历史。哈雷尔和她团队的设计师们创造了一套全新理念，将考古学和历史学的内容与最先进的可视化技术相结合。

多利特曾被问到哪个项目是她最喜欢、最自豪的。“这就如同问一位母亲最爱哪个孩子，”她“抗议”道，“每个项目有其独一无二的特性，而我总是偏爱此刻正在进行的项目。齐波里城堡（Tzippori Citadel）[1]的游客中心是我特别喜欢的项目，这要归因于它令人惊叹的位置和风光。我另一个格外偏心的项目是以色列南部的阿夫达特国家公园（Avdat National Park），我们在那里设计了与纳巴泰人故事相关的香料之路游客中心（the Perfume Road Visitor Center）[2]。我们在景区入口位置设置了信息区，展览及信息系统也遍布整个游客中心。在阿夫达特，我们的信息化设计理念获得了革命性的突破，我们通过设置立体雕塑而非标牌来展示过去的日常生活。这一创意后来被以色列国内外许多设计师所采纳；他们来到这里，他们看见……他们被征服。”

位于南非开普敦的犹太博物馆（the Jewish Museum），是多利特职业生涯中最具挑战性的项目之一。博物馆本身是按照设计理念打造的。参观者穿过建于开普敦的首座犹太教会堂建筑进入博物馆，然后穿过一座桥——它将把他们引入南非犹太人的故事。

“我们将南非犹太社区的历史划分成三个层次，”多利特曾回忆道，“这三个有形的层次分别代表现实、记忆和梦想。从桥上通过后，参观者首先进入‘现实层’，在这里他们遇到了那些南非犹太移民，这些移民将讲述他们对社区生活的贡献。接下来，参观者走下旋转梯，进入下一层——‘记忆层’。这里精确重建了立陶宛的犹太小镇，立陶宛是很多移民南非的犹太人的故乡。然后他们会经过垂直的竖井，这里展示了犹太移民对锡安[3]的梦想和向往。”

南非犹太博物馆抓住了南非犹太人从过去走向未来的旅程的精髓。展厅中的一系列互动展览空间，包括多媒体展示和犹太小镇的重建，为参观者提供了真正独一无二的体验。

多利特曾为建设一个保存古代渔船的展厅付出了艰辛的努力，它在吉诺萨尔（Ginossar）的伊加尔·阿隆之家（the Yigal Allon House）中的“加利利人博物馆”（Man in the Galilee Museum）里。这艘拥有超过2000年历史的渔船是在加利利海水位下降时被发现的。她为这个绝无仅有的展览所创造的表现手法，是在展厅中心制造一种近乎魔幻的环境。这艘脆弱的船被特别设计的不锈钢支架支撑，仿佛漂浮在玻璃砖上，被光导纤维点亮。这一切，在古代和现代之间建立了一场动人的对话。

1 齐波里曾是古代加利利地区的贸易中转站，现已被划为考古保护区，众多古代建筑遗址坐落其间。这里最著名的文物是一幅被誉为“加利利的蒙娜丽莎”的马赛克镶嵌画。

2 阿夫达特国家公园地处内盖夫沙漠之中，是在古代阿夫达特镇遗址上建立的。这里位于古代中东地区著名的“香料之路”沿线。公元前400年至公元200年间，这条全长超过200公里的香料贸易路线连接了阿拉伯半岛与地中海，古代纳巴泰人（Nabatean）的驼队穿过内盖夫沙漠地区，将乳香、没药等香料运往地中海港口。

3 Zion，原指位于耶路撒冷的锡安山，后在犹太文化中逐渐演变为耶路撒冷和犹太人家园的代名词。

构成多利特设计遗产的众多项目还包括：设置在梵蒂冈西斯廷教堂入口处的《死海古卷》展览，这个展览随后在另外十九个国家展出过；展览“格鲁吉亚犹太人及其文化”（the Jews of Georgia and Their Culture）；设置在特拉维夫大流散博物馆（the Diaspora Museum）的展览“犹太复国主义运动的一百年——蓝与白”（One Hundred Years of Zionism – Blue and White in Color）[1]。她还为贝特谢安（Beit She'an）、阿夫达特、齐波里及许多其他地区的国家公园设计了信息系统及图标。

多利特留下独特印记的另一个领域是为以色列城镇设计的标识系统。她的后期项目之一，是为莫迪因这座正在成形的新城市制定街道标牌、标识、广告牌和建筑标志的总体规划，以及为包括公交车站在内的街道设施进行整体设计。她制定的总体规划是由住房部（the Ministry of Housing）、地区委员会（the Regional Council）及负责莫迪因建设的阿亚隆山谷当局（Ayalon Valley Authority）组成的联合委员会一致通过的。

“我们没有参照流行风潮，而是运用清晰的设计语言创建了标识系统。我们做的最有趣的事情之一是在公寓楼入口处设计特殊的标志。”今天，无论开车还是步行经过莫迪因街道，人们都不会忽视设计独特的绿色玻璃公交车站、街道标志和原色路标。

设置在大屠杀纪念馆旧馆的展览“最后的犹太人隔离区——罗兹隔离区”（The Last Ghetto - Ghetto Lodz），是另一个相当特别的项目，它也对多利特成为大屠杀纪念馆新馆的唯一设计师起到了推动作用。

纪念馆

在多利特•哈雷尔设计工作室（Dorit Harel Designers）制作的设计说明中，多利特这样写道：“大屠杀纪念馆是通向知识和洞察力的大门，它面向我们的子孙后代。其中的展品包括文物原件、结合先进技术的多媒体素材和象征性重建。我们着重强化了大屠杀幸存者的个人证词。纪念馆将讲述犹太人民在大屠杀中的遭遇，为参观者创造了一种强烈的情感体验。”

在大屠杀纪念馆新馆姓名大厅的入口，出现了 1944 年在奥斯威辛被杀害的犹太诗人本雅明•方丹的诗歌摘录：

“只要记住我是无辜的，

并且，就像你一样，终有一死，

我同样，有一张被愤怒、喜悦和悲悯刻画的面孔，

简言之，一张人类的面孔。”

多利特指出，“这动人的文字反映了新纪念馆的核心主题”。

在多利特为这座记录大屠杀历史的纪念馆殚精竭虑地工作的时光中，从人性侧面出发以及用参观者视角来讲述故事，一直是她的指导原则。“大屠杀纪念馆的首要目的是强调个人层面，以便能

1 以色列国旗由蓝白两色构成；在以色列国建立前，此旗帜就已诞生，并被作为犹太复国主义的象征。

够贴近‘大屠杀’概念中的人性侧面。”历经八年，她坚持不懈地工作，为世界上最重要的以大屠杀为主题的纪念馆规划展馆和文物的陈列。在这个过程中，多利特是筹划指导委员会（the Steering Committee）的一员，这个委员会由阿夫纳•沙莱夫领导，他也是纪念馆的总策展人。

多利特采用了各种各样的手法，来完善纪念馆的设计及体验的方方面面：为不同故事的焦点创造独特的环境，并利用空间的大小、高矮来制造一种环绕参观者的体验，打造时间感、空间感和氛围感。文物、日记、证件、影像证词用以佐证个人故事。多利特设计中的另一个重要元素是对于阴影的使用，旨在烘托和强化展览所描绘的场景。电子媒体及采访录音、录像也是她设计中的重要组成部分。

“纪念馆讲述的故事联结着失落的犹太世界，以及保存在姓名大厅中的关于那个世界的个人和集体记忆，”多利特曾解释说，“因此，在工作中引导我的是作为一个历史序列的大屠杀故事，其中的任何一个环节都不可忽视。纪念馆顺着时间轴线建造，分阶段展现大屠杀的编年史，重点聚焦在犹太人的方方面面和个体的故事。参观者要沿着预设的路线行进，展厅分布在180米长的‘三棱柱’中轴路两侧。”

多利特在“三棱柱”中轴路的路面挖掘出几道隔断；它们制造了物理屏障，阻止参观者沿着中轴路自在前行。每一个隔断都展现了一个历史事件，这些事件构成了第二次世界大战和大屠杀中犹太人命运的转折点。姓名大厅被设置在展览的结尾处，而以色列建国的故事则位于纪念馆的出口处。

“在设计姓名大厅时，我想建造一个外框，用来存放‘证词集成’收集的档案，并制作一个悬浮在中央的圆锥，用来展示六百张照片，背景则是证词原稿。这些照片的引人注目之处在于，它们都是证件照，或是在节日活动中拍摄的照片，这些照片都由幸存者捐赠。在展览中，我们将死难者的面容和属于他们的那个失落世界的照片放在一起。”

多利特•哈雷尔在纪念馆的规划和设计中取得的成就，为她在2006年赢得了以色列建筑师和设计师协会首届设计奖（the first Design Prize awarded by the Israeli Association of Architects and Designers）。

谢幕

漫漫征程终告结束，纪念馆新馆开幕了——来自世界各地的总统、首相和要人齐聚于此，多利特达到了博物馆学创作的巅峰。开幕式后一周，多利特摔了一跤，摔断了髋骨。这是格斯特曼综合征[1]发病的征兆，这种不治之症一直潜伏在她的体内。从那一刻起，她的苦难历程开始了。作为她的人生伴侣，我完全支持她充分享受余生的决定，她要继续创作，享受文化生活，看芭蕾舞、听音乐会、逛博物馆，绝不让疾病限制她的生活方式，直到生命的最后。我计划在英国牛津度过整个休假年，这给了她一个和家人、朋友保持距离的借口，她得以在遥远的英国隐藏自己的病情。虽然行动受限，但多利特从未放弃。那一整年，她让自己沉浸在伦敦的文化世界中。她每周前往剧院和音乐厅四到

1 Gerstmann syndrome，简称GSS，由人体朊蛋白基因突变引起，会严重影响患者的行动和认知能力。该病患者的发病年龄多为43—48岁，患者发病后通常难以存活超过5年。

五次，参观遍布这座城市的博物馆和美术馆。在我无条件的支持下，她几乎逛遍了所有展馆。

我们在一起度过了充溢着爱和真挚陪伴的两年精彩时光，我记得她在那种强烈渴望的驱使下，如饥似渴地体验着一切，尽情地感受和享受着生活，直到生命终结："多利特提前计划好了一切。我们带着一张地图出发，地图上标注了各个街区的美术馆，我们会逐一探访。她总是那么固执，一个展览都不肯错过。走路让她精疲力尽，但她从不抱怨。她会靠在我身上，我们相互挽着，继续走上几千米。每天我们都要经过陡峭的地铁台阶。有一次，我注意到她的脚跟受伤了，上面全是血。她不以为意，从包里拿出创可贴贴住伤口，然后继续前行。当通往地下的台阶变得难以应付，她同意乘坐出租车。在我的休假年里，我们去了两次巴黎——都是由多利特精心策划的旅程。

"我们与前来帮忙的好朋友一起走遍了欧洲，去了西班牙南部、意大利、柏林和爱尔兰。多利特决心充分体验每一个目的地。在爱尔兰，我们开车从一个村庄到另一个村庄，在当地酒吧的亲切氛围中享用爱尔兰啤酒。我们攀爬爱尔兰海岸的群山时，她坚持要到悬崖边去眺望，而我们只能顶着狂风，用尽全力拉紧她。在罗马市中心美丽的广场上，我们的朋友伊兰（Ilan）和塔米（Tammy）开始攀登一段有 200 级台阶的阶梯，他们要我们在下面等待。可等他们登上顶层，一转身就看到多利特在我的搀扶下也跟着攀上来了。多利特恨不得吞下整个世界，她也确实这样践行着。"

走遍欧洲后，多利特做出了一个决定，在回到以色列前，她打算去印度看看。眼前似乎障碍重重，由于身体越来越虚弱，她将面临许多挑战。对于她这种状况的人来说，置身于糟糕的卫生状况中也是不明智的。但多利特的坚持以及她的蓝眼睛和迷人微笑让她得偿所愿。得知我的儿子欧哈德（Ohad）和乌里（Uri）将同我们会合，并陪伴我们完成前往印度拉贾斯坦邦的旅程后，我们终于做出了决定——印度之行启程了。

我们和孩子们一起旅行了两周，领略了拉贾斯坦邦的一切——宫殿、寺庙、市场、餐馆——以及环绕我们的神奇的东方氛围。回到以色列后，多利特的儿子尼姆罗德（Nimrod）和沙哈尔（Shahar）正等着为我们接风，他们要一起分担未来几个月的艰辛。多利特的兄弟奥弗•科特勒（Ofer Kotler）也加入了这个小家庭，用浓浓的爱支持着她，直到她人生的尽头。

晚上，多利特继续画画，还举办了一个名为"映现灵魂的双眼"（Eyes that Reflect the Soul）的展览，这个展览是她在英国时便开始筹备的。在亲人的帮助下，她拍摄了数百双眼睛。她最后的这个展览在以色列各地展出。当被问及为什么拍摄眼睛时，多利特说："在人们的双眼里，你可以读出他们全部的情感、梦想、思绪和渴望。"

尼姆罗德和沙哈尔知道时间不多了，或许，沙哈尔即将参加的以色列空军培训课程毕业典礼就是一切的结束。多利特集中全部的精力来维持意志力和体力，好参加典礼。在观礼过程中，由于行动变得非常困难，她被固定在轮椅上。但是，当国歌的第一个音符响起，她坚持和其他观众一同站起身来，她的泪水夺眶而出。在仪式"母亲之翼"（Wings for Mother）中，新飞行员的母亲们为自己的孩子佩戴翅膀。参加仪式的每个人，无论是教官还是沙哈尔在课程中新结识的朋友，都感动得热泪盈眶。所有人都意识到，为了这一刻，多利特已经用尽全力。

课程结束一周后，多利特的家人——尼姆罗德、沙哈尔和我——最后一次前往多利特热爱的加利利地区旅行。我们开车去了罗什平纳（Rosh Pinna），远眺黎巴嫩，经过戈兰高地的输油路线，在落日时分前往胡拉湖（Hula lake），最终将哈兹巴尼河（Hatzbani river）的河面搅起一片水花。在旅行的最后，我们开车去了祖克海滩（Hof Ha-Tzuk）——它位于特拉维夫北部，是多利特的最爱。我们又一次穿着衣服跃入海中，如以往一样，多利特响亮的笑声陪伴着我们。

2007年7月21日，星期六，多利特离开了我们。她在一生中所追求的一切都是美丽、高贵、丰盈的，她在身后为我们留下了一个充满创造力和内涵的世界，那个世界将永远是我们生命的一部分……直到时间的尽头。

A Note from the Translator
译后记

刘丹亭（Danting LIU）

1

13 岁那年，我结识了我最好的朋友，安妮•弗兰克。

我从特价书专柜上随手取下《安妮日记》，完全没想到它将带给我的震撼。这震撼不是来自残酷的历史，而是源于我无比熟悉的真实：十几岁少女的日常生活、对写作的热爱和对数学的厌烦、跟亲朋的摩擦与和解、成长的孤独、关于爱的困惑、眺望未来的雀跃……从打开这本书的那天起，我和安妮的生活似乎融合在了一起，她教会我如何去审视自己的生活，她的喜怒哀乐对于我是如此鲜活、如此真实，我不会因为那个时代的特殊性，而感到丝毫隔膜。正因如此，安妮后来在集中营所遭受的非人折磨和她的离去，引发了我的切身之痛。回顾过去，我意识到这段跨时空的“友谊”对我潜移默化的影响——从阅读偏好直到求学经历，而我总在下意识地寻找一个问题的答案：虽然时光不能倒流，但我是否能为安妮做点儿什么？

2017 年，我去了阿姆斯特丹，走入了安妮•弗兰克藏身的密室。我曾一遍遍对着书里的平面图，想象它的样子和生活在其中的感觉。我的脚步踏着安妮的足迹，我眼里的一切，都见证过安妮的生命……2018 年，我和先生前往以色列旅行，古老的耶路撒冷、壮丽的以色列风光和独特的犹太文化令我至今难忘，而耶路撒冷的犹太人大屠杀纪念馆，更是给我留下了无法磨灭的印象。旅行之后，我写过几篇讲述安妮和其他大屠杀受害者故事的文章。我以为，我的安妮追寻之旅差不多该落下帷幕了。

想不到，2023 年底，我有了将这本《事实与感受——犹太人大屠杀纪念馆中的历史重现》翻译成中文的机会。由于时间较为紧迫，翻译工作一开始也不像预期的那么顺利，我一度每天工作十四五个小时，但面前始终堆积着大量待查资料和校对工作，还有很多希伯来语方面的问题无从考查。幸好多位好友从各方面给予了有力的支持和帮助，翻译工作得以如期完成。不过，译文恐怕仍有一些错漏之处，也请大家批评、指正。

尽管我的工作微不足道，但我还是感到些许欣慰，好像终究为和安妮一样的大屠杀受难者做了一点儿什么。然而，我旋即意识到，自己能做的任何事情，在安妮的死亡面前都是如此不值一提。什么都不能让我的好朋友复生，不能让她继续过完她本该拥有的人生，写出那些蛰伏在她生命中的作品，享有那些只属于她的幸福和成就。

而安妮这样的大屠杀遇难者，有六百万个。他们的离去，是全人类无可估量的损失。

2

露台和山景
孔波 摄

在翻译本书的过程中，我常回忆起参观耶路撒冷犹太人大屠杀纪念馆的情形。当时的见闻已淡忘大半，参观感受却记忆犹新：纪念馆一眼就能望到尽头，实际的参观路线却曲折蜿蜒，仿佛永远也无法到达终点。无穷无尽的影像、展品、文字、信息涌至眼前，远超我的承受极限。由于展馆的中轴路被阻断，我只能逐一走入每个展区，无法跳过任何区域，那感觉就像进入了一场无法醒过来的、无从逃离的噩梦……最终，我走出了姓名大厅，美丽的露台在眼前出现，阳光泼洒到我身上，山景扑面而来。我回到了人寰。

后来回忆起这次参观经历，我常会感到隐隐的愤怒，不明白为什么要设置这种强制参观者走完全程的路线。本书解答了我的困惑。纪念馆的总策展人、前馆长阿夫纳•沙莱夫在开篇写道：“我们决定让参观者参观展厅的所有区域。重点是，我们必须消除顺着中轴前行却错过某一区域的可能。……多利特提出了一个出色的解决方案：在路面挖掘沟渠，从物理上阻挡参观者的通行，同时又允许他们将整条线路尽收眼底。……她的解决方案引出了在地面上设置一系列隔断的想法——这代表了故事的主要转折点——它们将‘迫使’参观者走上我们为展览创设的曲折路线。”毋庸置疑，我的参观体验是被纪念馆设计与策展团队着意塑造的，我的愤然或许也在他们的意料之中——他们让每个参观者不得不完整感受大屠杀全貌，经历每一个历史节点，正如当年的犹太人所遭受的一样。

参观路线的设置只是纪念馆策展设计无数环节中的一个，《事实与感受》不厌其详地为我们拆解策划和构建纪念馆的全过程，把策展团队所要面对的种种问题及解决方案一一呈现。我这样的普通参观者被邀请到幕布背后，窥探策展者的想法和初衷，旁观这座宏伟纪念馆的构建机制，它远不像我以为的那么顺理成章、按部就班，其中充满审慎的思考、多元的理念、沉重的自省、闪现的灵感、艰难的取舍、观点的碰撞，以及炽烈、复杂的情感因素。

本书作者多利特•哈雷尔将那条走不通的中轴路称作历史记忆的轴线，它被九个象征历史转折点的隔断分割开，因此，参观者不得不踏上曲折的小径，深入历史的幽微之处。这如同一个隐喻：这场大屠杀人尽皆知，但人们对它往往只有粗浅的印象；纪念馆要做的就是以鲜活、细致入微的临场感替代这种印象。沙莱夫馆长指出，纪念馆的中心目标是要讲述一个能够引起对大屠杀所知甚少的参观者情感共鸣的故事。本书中详尽展示的纪念馆建筑设计、展厅布置、路线设置、展品呈现方式、多媒体应用等等，其作用就如同讲述故事时所运用的修辞，它们塑造着参观者的情感体验，潜移默化地将大屠杀的真实图景植入他们心中。

哈雷尔在书中告诉我们，讲述故事并不容易，它的实质是再现历史、构建一整套历史叙事。历史常被看作一种自动生成的客观存在，事实上，我们眼中的历史是对无数碎片的取舍、重塑与整合，而这正是通过历史叙事来完成的。历史如何被讲述，人们便会如何看待历史。在许多国家，历史叙事是由官方、学者写就的，以色列的情况却有所不同。许多普通人也加入了构建历史叙事的行列，他们是大屠杀幸存者、遇难者的亲朋好友、见证过艾希曼审判的普通民众……他们回忆，讲述，写作，参与收集大屠杀遇难者资料的“证言集成”项目，在历史的长河中打捞被淹没的故事、生命和细节，亲自完成了对历史的重塑。相比其他国家和民族，历史对以色列民众生活的影响更为明显、深重。因此，在以色列建国后的几十年里，以色列人围绕着大屠杀进行着持续不断的反思和探讨，他们认识到，历史是客观发生的，但如何讲述历史却是主观的。对历史的认识和记忆，建立在历史叙事上。由谁来讲述历史，在叙事中着重展现历史的哪些切面，以怎样的态度去评判历史事件及当事人，这一系列问题就变得至关重要，它们不仅决定犹太民族形成怎样的集体记忆，甚至关乎民族身份认同和国家的建构。

大屠杀纪念馆正是这一系列反思和探索所结出的硕果。正如以色列文化研究学者他玛•卡特里尔所言，“纪念馆通过传递信息，对以色列集体记忆的塑造进行了社会磋商。这是曲折而痛苦的磋商，涉及关于集体身份、群体界限以及争取社会合法性及权威的探讨”。它的建成，意味着一种新历史观和大屠杀权威叙事的形成，也意味着整整一代以色列人，通过漫长的社会磋商，决定以怎样的方式，将大屠杀这段黑暗历史呈现给世界，交付到子孙后代手中。

3

参观大屠杀纪念馆时，我曾被一些摆在展柜里的明信片深深打动，那是一位犹太父亲寄给儿子的。他们原本生活在德国，由于纳粹对犹太人的迫害加剧，父亲决定将孩子送到英国寄养。他们从此天各一方，父亲只能在辗转寄给孩子的一张张明信片里，不断诉说着爱和思念……这只是大屠杀纪念馆收集的无数故事之一。纪念馆展现给我们的历史，仿佛一幅由成百上千的个体经历和历史细节拼成的马赛克镶嵌画。在那动人心魄的整体历史图景之中，是无数微小却丰盈的迷你景观，它们可能包容了一个人的生命历程、一个家庭的聚散悲欢、一些人与不可逆转的历史洪流搏斗的悲壮剪影，还有一个个高尚的义举、一桩桩卑劣的背叛、一次次麻木的旁观……大屠杀纪念馆在讲述历史时，将个体置于叙事中心，以个人视角呈现事件发展，将书写历史的笔交还给在那个时代中浮沉的真实个体。对此，沙莱夫馆长总结道：“大屠杀是人类的造物——一个关于邪恶、堕落、异化、苦难、死亡、斗争及希望的故事。整个故事的中心是个人。个人叙述则成了关键和挑战，它为在纪念馆中呈现大屠杀时期的复杂故事全貌铺设了道路。”

爱的明信片
孔波 摄

然而，这种以个体人格作为叙事结构主轴的思路，并不是天然形成的，它建立在广泛而充分的社会探讨上。现今这座大屠杀纪念馆（新馆）兴建前，以色列还建造过另一座纪念馆（旧馆），今天看来，新馆和旧馆差异巨大：旧馆侧重从宏观层面展现大屠杀历史，突出的是英勇不屈的犹太民族群像；新馆则重视历史的个人化呈现，用个体的苦难串联起历史叙事。这种差异，折射出以色列社会观念和话语的剧变，以及半个多世纪以来，大众对大屠杀、死难者和幸存者理解的变化。

以色列建国初期，对于如何记录和讲述历史，持不同意见的人们分成了两派。一派多由历史学者（大多并非大屠杀亲历者）组成，他们认为应以纳粹德国官方档案作为主要依据，研究中不能掺杂个人情感。另一派的成员是没有学术背景、自觉讲述亲身经历的大屠杀幸存者，他们承受着切身之痛，认为大屠杀叙事应该由亲历者参与构建。那么，幸存者的证词是否可信呢，他们真有能力还原历史真相吗？当时的学界对此持怀疑态度。奥斯维辛集中营幸存者、作家耶海厄勒·德-努尔曾作为证人出席艾希曼审判，他在证词中将奥斯维辛称为“另一颗星球”，现今的大屠杀纪念馆也在展览中化用了这一意象。与之形成鲜明对照的，是汉娜·阿伦特在《艾希曼在耶路撒冷》中对德-努尔的质疑。她指出，他的出庭作证是一出不可信的闹剧，而他的集中营题材小说更是在向读者贩卖暴力和性虐待的奇观。孰是孰非，我们今天很难判断，但由此也可一窥不同史观的激烈碰撞。

然而，也正是艾希曼审判，彻底改变了以色列社会的历史观点。民众全程见证了这场旷日持久的审判，一位位幸存者的控诉激起了以色列人的情感共鸣，使他们不可能再置身事外。以色列社会曾一度认为许多欧洲犹太人过于懦弱，像羔羊般任人宰割，现在他们的认知发生了天翻地覆的转变。历史学者汉娜·雅布隆卡在本书中纪录道：“证人所提供的证据与公众展开了对话，此刻，公众以一种不同的方式去聆听，他们不再受制于自己对所听闻的真相的恐惧，以色列人和海外犹太人之间的藩篱也已消失。……证人凭借着其证词，将欧洲大屠杀编年史变成了属于以色列的叙事。”

此后，大屠杀受害者的声音逐渐成为历史叙述的主流，以色列的历史叙述发生了转向，汉娜·雅布隆卡将这种转向总结为“第三人称复数叙事变为第一人称单数叙事”，六百万死难者这个整体概念被拆解为六百万个独立的、千差万别的个人。

从六百万到一的变化，意味着将所谓的“民族共同命运”拆解还原为个体的经历和遭际，将话语权从某种由想象构建的超越个体生命的抽象权威手中，交还给一个个具体的死难者和幸存者，使他们由被代言的客体变为主动发声的主体。这一变化，在现今的纪念馆中得到了充分展现。多利特·哈雷尔和其他学者在本书中多次强调，在纪念馆中实现历史个人化，是一项艰难的决定。个人化叙事不仅意味着要找到亲历者（这可能是最简单的一步），还意味着要寻回他们随风飘散的话语、被时间淹没的生活印记，将他们从抽象的数字还原为一个个活生生的人。从本质上看，大屠杀受难者的经历本就无法被归纳、概括。唯有感受到他们如何亲身在那个黑暗时代中一秒一秒地煎熬，我们才能理解大屠杀毁灭人类文明的强度和烈度，以及苦难和罪行不容抹杀的真实。基于这种理解，纪念馆团队设计出了展示大屠杀遇难者姓名、照片，存放其档案的姓名大厅。哈雷尔将这里称作纪念馆的核心，它将历史真实的力量发挥到极致。在这里，悼念不是面向六百万遇难者群体的，而是针对六百万个活生生的个体所进行的六百万次独立的追思和哀悼。

时至今日，纪念馆仍在向全世界征集信息，力图还原六百万死难者中每一位的生命历程。曾几何时，以色列社会选择淡化犹太民族脆弱和满目疮痍的那一面，只赋予大屠杀遇难者一张共同的、模糊的面孔，在这种叙事中，被宣扬的是武装反抗纳粹的不屈英雄。人们在英勇的斗争和复仇故事中，感受到以眼还眼、以牙还牙的畅快，这种畅快消解了历史的沉痛和晦暗。但是，真相与“爽文”相去甚远，即便是反法西斯战争的胜利和以色列国的建立，也无法抹去个体所承受的伤痛及损失。如果后世的人们只歌颂胜利和成就，却无法正视被血污浸染的过往、对死难者和幸存者的愧疚，流散的犹太民族和以色列国之间将始终存在一个深深的、难以弥合的历史断层。以色列社会对大屠杀死难者和幸存者的接纳，是联结历史与当下的重要一步，也是国民建立起身份认同的第一步。此后，世世代代的每一个以色列人都有义务记住大屠杀，自觉背负起其留下的伤痛，并以此时时警醒；同时，这也意味着每个个体都有权参与历史的构建和叙述，且有权在历史全景中留下属于自己的生命印记。

当然，这是一种非常理想化的构想，随着时间的推移，今天的以色列人与历史的联结或许已不像上世纪中后期那么紧密。但当今这座大屠杀纪念馆的存在，意味着对大屠杀历史的追索、对死难者的找寻从未终止，而个体生命史的书写，也不会中断。

4

在大屠杀纪念馆，我第一次得知了“安息日欢聚”的存在。这是一个由历史学家伊曼纽尔·林格尔布卢姆在华沙犹太人隔离区创办的地下组织。组织成员敏锐地意识到记录隔离区生活方方面面的重大历史意义。在华沙犹太人起义之前，他们将大批记录文件密封、藏匿起来，其中大部分文件在战后被找到。

我认为，“安息日欢聚”代表了一种理性的无畏。组织成员在饥饿、羞辱、恐惧、死亡日复一日的威胁下，以超越个体苦难与生死的视野，为未来书写历史。作为一个个无助的个体，他们遭受着践踏，但他们秉笔直书的真相，将跨越时空，汇入总体历史的洪流，永不磨灭。历史终会匡扶正义、回归正轨，那些被毁灭的生命，也因他们的记录，在人类文明的图景上拥有了不可抹杀的位置。

然而，像“安息日欢聚”组织这样在苦难中自觉书写历史的例子十分罕见。大多数受难者，受困于自己的处境，只能任生命火花在黑暗中无声熄灭。一个群体的苦难越深重，他们往往便越沉默，越被置于历史叙事的外围。汉娜·雅布隆卡在本书中谈到，犹太人作为二战中受迫害最为严重的群体之一，曾长期处在二战总体历史的边缘，历史叙事中没有他们的位置：“那些选择发声的幸存者，在讲述自己故事的时候，就仿佛完全生活在封闭之中，被隔绝在全球重大事件之外。……在讲述中，大屠杀的故事好像被隔离在一个气泡里，被单独置于犹太背景中……”困住他们的，除了我们前面谈到过的一度十分苛刻的社会态度，还有一些客观原因：一方面，纳粹对欧洲许多地区犹太人的迫害远远早于二战的全面爆发；另一方面，当时犹太民族处于流散状态，流散者的境遇大相径庭，其行动也是以个人、家庭或社会团体为单位展开的，这些纷繁复杂的遭遇、选择、行动交错在一起，很难形成统一的叙述主体。

因此，二战结束后，欧美历史学界倾向于将纳粹德国作为研究中心，从国家、集体层面研究战争与大屠杀发生的原因。随着以色列国的建立和犹太受难者话语权的加强，史学界也出现了从“纳粹中心路径”转向“犹太中心路径”的现象。在这一现象背后，我们可以看到无数沉默者被带领着走出历史的阴影，他们的生命历程潜移默化地改变着历史的版图。从这一层面来看，大屠杀纪念馆也是个人与历史对话的产物，它替沉默者发声，修正着大众对于个人与历史关系的看法，将更多的微观视野补充到宏大的历史叙事之中。本书中提到，纪念馆除了以欧洲犹太人视角展现大屠杀，还让更少被人关注的北非犹太人也加入了历史叙事。纪念馆试图将更多的个体存在标记在历史版图之上。

值得注意的是，大屠杀纪念馆并不只对构建完整的二战编年史和犹太民族史具有意义。我们在谈及种族灭绝大屠杀的时候，不是在谈论一个偶然的，只属于某一个民族的历史事件。在人类历史中，大屠杀一再发生，回看刚刚过去的20世纪，大屠杀屡见不鲜：亚美尼亚大屠杀、犹太人大屠杀、南京大屠杀、卡廷惨案、沃伦大屠杀、红色高棉大屠杀、印尼排华大屠杀、卢旺达大屠杀……许许多多的国家和民族，都承受着大屠杀之痛。纪念馆将大屠杀毒瘤的完整切片置于显微镜下，我们得以亲眼注视，仇恨、偏见、盲从和暴力是如何轻易地引发了可怖的后果。如果大屠杀是人类必经的残酷课程，那么我们从中看到了什么、记住了什么、反思了什么，就直接关系着自己的未来。

在翻译本书、查找资料的过程中，我一次又一次地被大屠杀的残暴震惊。我反复地想：为什么人类能够无动于衷，甚至心醉神迷地向自己的同类施加残酷的折磨？加拿大学者佩里·诺德曼曾说过：“人类理解自我的方式就是把自己所属的群体从其他群体中划分出来。”但这种划分也可能带来可怕的后果。“我们”不再视“他们”为同类，“他们”成为我们眼中的“非人”，成为无法令“我们”产生情感关联的客体和对象。国籍、民族、信仰、性别、年龄、社会阶层、身份和处境……这些都能是把“他们”变成非人的理由。借此，人们易如反掌地获取及维持凌驾于他人之上的权力。

大屠杀纪念馆所着重强调的个体人格，恰恰是破解这种“非人”魔障的途径。正如本书所言，纪念馆通过勾勒出具有真实力量的个体画像，试图让每个参观者感受到“遇难者和幸存者与当下的犹太人一样，都是‘独立的、人性的、鲜活的生命体’”。不止于此，当我亲身站在姓名大厅里，我强烈地意识到，这世界上的犹太人、非犹太人，任何一个有幸降生的人，都是独立的、人性的、鲜活的生命体。在世界分裂加剧、地区冲突不断、巴以局势恶化的当下，这一点尤其需要我们铭记。

我常回忆起离开以色列的前夜，我和先生坐在特拉维夫拉宾广场的草坪上喝啤酒。前方不远，两位少女坐在一张拴在两树之间的吊床上。她们头对着头，腿交叉在一起，从我的角度看，她们的剪影就像一个漂亮的心形。我从未见过比她们更快乐的人，前前后后一个多小时，她俩笑得不能自已，就像有天使俯在她们耳边，源源不断地讲述全世界最好笑的事情。直到我们离开，她们还在笑着……如果我们所面对的是一个故事、一部小说、一场电影，结局完全可以定格在这个场景里。但也是在这座广场，致力于推动中东和平进程的拉宾总理被刺杀……这出悲剧提醒着我：我们所置身的现实，争端和冲突远未终止，美丽、鲜活却脆弱的生命，每时每刻都在因暴力和仇恨凋零。

不管做什么，我都无法唤回我的好朋友安妮·弗兰克的生命。所幸，这世上还有无数和她一样有着无限未来和可能性的生命。无论他们的头发、皮肤、眼睛是什么颜色，无论他们说着哪种语言，无论他们有着怎样的信仰，我们都有责任去尽力守护他们的明天。

最后，我想感谢一下为本书翻译提供过帮助的友人：我的好友、本书的责任编辑霍本科，他的信任和多方面的支持令翻译工作得以完成；我的同窗好友康菲菲，她曾旅居德国多年，为我提供了一系列语言和文化背景上的帮助；远在以色列求学的姚敏仪女士，尽管素未谋面，但她不厌其烦地为我解答了许多希伯来语方面的疑问。在这份译稿中，他们也应“有记念，有名号”。

本书出版过程中，姚敏仪女士在希伯来语翻译、相关内容审订方面提供了很多帮助，特此致谢。

有记念，有名号：
犹太人大屠杀纪念馆